定期テスト **ズバリ**よくでる 　理科　2年　　全教科書

JN100799

もくじ

本書のページ

	Step 1	Step 2	Step 3	出題範囲※
粒子（物質）　化学変化と原子・分子				
物質の成り立ち(1)	2	3~4	16~17	
物質の成り立ち(2)	5	6~7		
化学変化	8	9~11		
化学変化と物質の質量	12	13~15		
生命　生物の体のつくりとはたらき				
生物と細胞	18	19~20	36~37	
植物の体のつくりとはたらき(1)	21	22~23		
植物の体のつくりとはたらき(2)	24	25~26		
動物の体のつくりとはたらき(1)	27	28~29		
動物の体のつくりとはたらき(2)	30	31~32		
動物の体のつくりとはたらき(3)	33	34~35		
地球　気象とその変化				
気象観測	38	39~40	52~53	
天気の変化(1)	41	42~44		
天気の変化(2)	45	46~47		
日本の気象	48	49~51		
自然の恵みと気象災害				
エネルギー　電流とその利用				
電流(1)	54	55~57	70~71	
電流(2)	58	59~60		
電流(3)	61	62~63		
電流と磁界(1)	64	65~66		
電流と磁界(2)	67	68~69		

取り外してお使いください 　赤シート＋直前チェックBOOK,別冊解答

【写真提供】
コーベット・フォトエージェンシー

※あなたの学校の出題範囲を書きこんでお使いください。

Step 1 基本チェック 物質の成り立ち(1)

10分

■ 赤シートを使って答えよう！

❶ 物質を加熱したときの変化

☐ 炭酸水素ナトリウムを加熱すると，固体の［炭酸ナトリウム］と気体の［二酸化炭素］と液体の［水］に分かれる。

☐ もとの物質とは異なる別の物質ができる変化を，［化学変化］（化学反応）という。

☐ １種類の物質が２種類以上の物質に分かれる化学変化を［分解］という。

☐ 加熱によって物質を分解することを［熱分解］という。

炭酸水素ナトリウム ↓加熱 ［炭酸ナトリウム］

液体の［水］がつく。

気体の［二酸化炭素］が発生する。

☐ **炭酸水素ナトリウムを加熱したときの変化**

❷ 水溶液に電流を流したときの変化

☐ 電流を流すことによって物質を分解することを［電気分解］という。

☐ 水を電気分解すると，陽極側に［酸素］が発生し，陰極側に［水素］が発生する。

［水素］　［酸素］

うすい水酸化ナトリウム水溶液

陰極側　　陽極側

電源装置(6V)　正面

水を電気分解すると，水素と酸素が［２］：［１］の体積比で発生する。

☐ **水に電流を流したときの変化**

❸ 物質のもとになる粒子

☐ 物質をつくっている，それ以上分けることができない小さな粒子を［原子］という。

☐ 原子は，種類によってその質量や［大きさ］が決まっている。また，化学変化で新しくできたり，［種類］が変わったり，なくなったりしない。

☐ いくつかの原子が結びついてできる，物質の性質を示す最小の粒子を［分子］という。

テストに出る　実験の操作の注意点や，実験の結果，何が発生するかがよく出る。

Step 2 予想問題 ：物質の成り立ち⑴

20分
（1ページ10分）

粒子（物質）

【 炭酸水素ナトリウムを加熱したときの変化 】

❶ 図のような装置を使って，炭酸水素ナトリウムを加熱し，発生した気体について調べた。これについて，次の問いに答えなさい。

炭酸水素ナトリウム

A

B

水

□ ❶ 試験管Bにたまった気体は，最初の1本分を捨てて2本目の気体から実験に使用した。この理由を簡単に書きなさい。

（　　　　　　　　　　　　　）

□ ❷ 気体を集めた試験管Bに石灰水を入れ，よく振ったところ，石灰水はどうなるか。

（　　　　　　　　　　　　　）

□ ❸ ❷より，試験管Bに集まった気体は何か。　（　　　　　　　　　）

□ ❹ 試験管Aの口のあたりが少しくもり，液体がたまった。この液体に青色の塩化コバルト紙をつけると，何色になるか。　（　　　　　　）

□ ❺ ❹より，試験管Aの口のあたりにたまった液体は何か。

（　　　　　　　　　　　　　）

□ ❻ 試験管Aは，口を底よりも下げて固定した。この理由を簡単に説明しなさい。

（　　　　　　　　　　　　　）

□ ❼ 試験管Aに残った白い粉末を水にとかし，フェノールフタレイン（溶）液を数滴加えた。色の変化を答えなさい。

（　　　　　　　　　　　　　）

□ ❽ 試験管Aに残った白い粉末は何か。　（　　　　　　　　　　　）

□ ❾ この実験では，気体の発生が終わったら，ガスバーナーの火を消す前に試験管Bからガラス管をぬいておく。その理由を簡単に説明しなさい。

（　　　　　　　　　　　　　）

□ ❿ 次の文の（　　　）に，適当な言葉を書きなさい。

1種類の物質から2種類以上の物質が生じるこのような化学変化を
①（　　　　　）といい，加熱による ① を特に ②（　　　　　）という。

・・

ヒント ❶❻❾熱いガラスが急に冷やされると，割れるおそれがある。

ミスに注意 ❶❻❾このような実験では，何のための操作か，正しく覚えておく。

【 水の電気分解 】

❷ 図のような簡易電気分解装置を使って，水を電気分解した。これについて，次の問いに答えなさい。

□ **①** 電気分解装置に入れる水には，少量の水酸化ナトリウムを加える。この理由を，簡単に書きなさい。
（ 　　　　　　　　　　　　　　　　　 ）

□ **②** 電極Ａに発生した気体と電極Ｂに発生した気体はそれぞれ何か。
電極Ａ（ 　　　 ）　　　電極Ｂ（ 　　　 ）

□ **③** 電極Ａに発生した気体と電極Ｂに発生した気体の体積比を書きなさい。
電極Ａの気体：電極Ｂの気体（ 　　　 : 　　　 ）

図中ラベル：ゴム栓／目盛り／電極／電極Ａ 陽極側／電極Ｂ 陰極側／電源装置(6V)／正面

【 原子と分子 】

❸ 原子と分子について，次の問いに答えなさい。

□ **①** 次の①～③について，原子の性質にあてはまるものにはＡ，分子にあてはまるものにはＢ，両方にあてはまるものにはＣをそれぞれ書きなさい。　　①（ 　　　 ）　②（ 　　　 ）　③（ 　　　 ）
① 物質の性質を示す最小の粒。
② 状態変化では，そのものは変わらない。
③ 化学変化では，それ以上分けられない。

□ **②** 次の物質のうち，分子というまとまりをつくらないものをすべて選び，記号で書きなさい。　　（ 　　　 ）
⑦ 水　　④ 塩化ナトリウム　　⑦ 酸素　　④ 銀

状態変化とは，物質が固体，液体，気体の間で状態を変えることだよ。

・・

ヒント ❷②③水分子１個は，水素原子２個と酸素原子１個が結びついてできている。

ヒント ❸①化学変化と状態変化のちがいを，正しく理解しよう。

［解答 ▶ p.1］

Step 1　基本チェック　物質の成り立ち(2)　⏱10分

■ 赤シートを使って答えよう！

元素記号はギリシャ語やラテン語，英語の元素名の頭文字からとったものが多いよ。

❹ 物質を表す記号

□ 物質を構成する原子の種類を ［ 元素 ］ という。

□ 元素を表すための記号を ［ 元素記号 ］ といい，［ アルファベット ］ の
大文字１文字か，大文字と小文字の２文字で表される。

□ 元素を原子番号の順に並べた表を，元素の ［ 周期表 ］ という。

❺ 物質を表す式

□ 物質を元素記号と数字などを用いて表した
式を ［ 化学式 ］ という。

□ 分子を化学式で表すときは，分子をつくっ
ている原子を ［ 元素記号 ］ で表し，同じ
原子はまとめて，その数を ［ 右下 ］ に
小さく書く。

水分子

H は２個
O は１個

□ **分子の表し方**

HOH ← ❶ 分子をつくっている原子を，それぞれ元素記号で表す。

H_2O_1 ← ❷ 結びついている原子の数は，元素記号の右下に数字を小さくつけて示す。

H_2O ← ❸ 原子が１個のときは，右下の数字の１は省略する。

□ 純物質（純粋な物質）のうち，１種類の元素からできている物質を
［ 単体 ］，２種類以上の元素からなる物質を ［ 化合物 ］ という。

単体：酸素O_2，水素H_2，銀Agなど。

化合物：水H_2O，二酸化炭素CO_2，塩化ナトリウムNaClなど。

❻ 化学変化を表す式

□ 化学変化を化学式で表したものを ［ 化学反応式 ］ という。

□ 化学反応式では，反応前の物質は ⟶ の ［ 左 ］ に，反応後の物質は
［ 右 ］ に化学式で書き，原子の種類と数が等しくなるようにする。

水の電気分解：$2H_2O \longrightarrow 2H_2 +$ ［ O_2 ］

炭酸水素ナトリウムの熱分解：$2NaHCO_3 \longrightarrow Na_2CO_3 +$ ［ CO_2 ］ $+ H_2O$

テストに出る　教科書に出てくる実験の化学反応式は，書けるようにしておこう。

Step 2 予想問題 物質の成り立ち(2)

20分
(1ページ10分)

【 物質を表す記号 】

❶ 表の空欄にあてはまる元素名や元素記号を書き，表を完成させなさい。

元素名	元素記号	元素名	元素記号	元素名	元素記号
水素	① ( )	⑤ ( )	Cl	硫黄	⑩ ( )
酸素	② ( )	⑥ ( )	Na	カルシウム	⑪ ( )
窒素	③ ( )	マグネシウム	⑦ ( )	鉄	⑫ ( )
炭素	④ ( )	銅	⑧ ( )	⑨ ( )	Ag

【 分子からできていない物質の表し方 】

❷ 次にあげた物質を，化学式で表しなさい。

☐ ❶ それぞれの原子が多数集まって物質をつくっているもの。

 ⑦ 銀 ( ) ⑦ 鉄 ( )

 ⑦ 炭素 ( ) ⑦ 硫黄 ( )

☐ ❷ それぞれの原子が，一定の割合で多数集まって物質をつくっているもの。

 ⑦ 塩化ナトリウムは，ナトリウム原子と塩素原子が１：１の割合で
  交互に並んで物質をつくっている。 ( )

 ⑦ 酸化マグネシウムは，マグネシウム原子と酸素原子が１：１の割
  合で交互に並んで物質をつくっている。 ( )

 ⑦ 酸化銅は，銅原子と酸素原子が１：１の割合で交互に並んで物質
  をつくっている。 ( )

【 単体と化合物 】

❸ 単体と化合物について，次の問いに答えなさい。

☐ ❶ 単体は，何種類の原子からできているか。 (種類)

☐ ❷ 次の物質を化学式で表しなさい。

 ① 二酸化炭素 ( ) ② 金 ( )
 ③ 亜鉛 ( ) ④ 水素 ( )
 ⑤ 塩化ナトリウム ( ) ⑥ 酸化銅 ( )

☐ ❸ ❷の①〜⑥の物質から，単体と化合物をそれぞれすべて選びなさい。

 単体 ( ) 化合物 ( )

・・・

ヒント ❷分子というまとまりをつくらない物質は，その物質をつくっている元素で表す。

ミスに注意 原子の数を書く位置や，大文字と小文字を正しく書けるようにしよう。

[解答 ▶ p.2]

【 水の電気分解と化学反応式 】

❹ 水の電気分解では，水が分解して水素と酸素になる。これについて，次の問いに答えなさい。

☐ ❶ 酸素原子を●，水素原子を○として，電気分解後のようすを図中に表しなさい。

電気分解

☐ ❷ ❶をもとに，水の電気分解を化学反応式で表しなさい。

(　　　　　　　　　　　　　　　　　　　)

【 化学変化と化学反応式 】

❺ 図は，物質の化学変化をモデルで示したものである。それぞれ化学反応式で表しなさい。ただし，○は酸素原子，□は銅原子，■は銀原子を表している。

☐ ❶ 粉末の銅を加熱すると，酸素と反応して酸化銅になる。

$$□ \quad □ \quad + \quad ○○ \quad \longrightarrow \quad □○ \quad □○$$

(　　　　　　　　　　　　　　　　　　　)

☐ ❷ 酸化銀を加熱すると，分解して銀と酸素ができる。

$$■□■ \quad ■○■ \quad \longrightarrow \quad ■ \quad ■ \quad ■ \quad ■ \quad + \quad ○○$$

(　　　　　　　　　　　　　　　　　　　)

【 化学反応式 】

❻ ❶～❹の化学変化を示した化学反応式について，正しいものに○をつけなさい。また，正しくないものについては，その理由を下の㋐，㋑より選び，記号で答えなさい。

☐ ❶ $H_2 + O \longrightarrow H_2O$　(　　　　　)

☐ ❷ $H_2 + O_2 \longrightarrow H_2O$　(　　　　　)

☐ ❸ $2Ag_2O \longrightarrow 2Ag_2 + O_2$　(　　　　　)

☐ ❹ $2NaHCO_3 \longrightarrow Na_2CO_3 + CO_2 + H_2O$　(　　　　　)

　　㋐ 物質の化学式がちがっている。

　　㋑ 式の左側と右側で，原子の数がちがっている。

化学反応式とは，化学変化を化学式で表したものだよ。

ⓧ ミスに注意 ❹❺元素記号を正しく覚えよう。また，分子になる物質に注意する。

💡ヒント ❺❻化学変化の前後では，原子の種類や数は変化しない。

Step 1 基本チェック 化学変化

⏱ 10分

■ 赤シートを使って答えよう！

❶ 物質どうしが結びつく変化

☐ 鉄と硫黄（いおう）の混合物を加熱すると，黒色の［硫化鉄（りゅうかてつ）］ができる。

$$Fe + S \longrightarrow [FeS]$$

☐ 2種類以上の物質が結びつくと，もとの物質とは性質の［異（こと）なる］1種類の物質ができる。

❷ 物質が酸素と結びつく変化

☐ 物質が酸素と結びつく化学変化を［酸化（さんか）］といい，酸素と結びついてできた物質を［酸化物（さんかぶつ）］という。

☐ スチールウール（鉄）やマグネシウムの加熱のように，物質が激（はげ）しく熱や光を出しながら酸化することを［燃焼（ねんしょう）］という。

❸ 酸化物から酸素をとり除く変化

☐ 酸化物が酸素を失う反応［還元（かんげん）］という。

☐ 物質の酸化と［還元］は，同時に起こっている。

酸化銅と活性炭の混合物

［還元］

酸化銅 ＋ 炭素 ➡ 銅 ＋ ［二酸化炭素］

石灰水

石灰水は［白］くにごる。 ➡ ［二酸化炭素］が発生した。

［酸化］

☐ 酸化銅の還元

❹ 化学変化と熱の出入り

☐ 化学変化のときに熱が発生したために，まわりの温度が上がる反応を［発熱反応（はつねつはんのう）］という。逆に，周囲の熱を吸収したために，まわりの温度が下がる反応を［吸熱反応（きゅうねつはんのう）］という。

📝 テストに出る 還元された物質と酸化された物質はそれぞれ何か，書けるようにしよう。

Step 2　予想問題　化学変化

30分
（1ページ10分）

【 鉄粉と硫黄の混合物を加熱したときの変化 】

❶ 鉄粉と硫黄の粉末を乳ばちの中でよく混ぜ合わせ，2本の試験管A，Bに分けとった。試験管Aは，加熱すると赤くなって激しく反応した。その後，試験管Aが冷えてから，操作㋐，㋑を行った。試験管Bにも，操作㋐，㋑を行った。これについて，次の問いに答えなさい。

　　［操作］㋐ 試験管に，フェライト磁石を近づけた。

　　　　　　㋑ 試験管にうすい塩酸を加えたところ，気体が発生した。

□ ❶ 試験管Aで，加熱後に生じた物質は何か。　（　　　　　　　　　）

□ ❷ 操作㋑で発生した気体のうち，卵の腐ったようなにおいがしたのは，試験管Aと試験管Bのどちらか。　（　　　　　　　　　）

□ ❸ 操作㋑で発生した気体はそれぞれ何か。

　　　　　試験管A（　　　　　　　　　）　　　試験管B（　　　　　　　　　）

□ ❹ この実験を説明した次の文の（　　）に，適当な言葉を書きなさい。

　　　試験管Aでは，鉄と硫黄が激しく反応して，その内容物は ①（　　　　　）になっている。一方，試験管Bの内容物は，もとの鉄と ②（　　　　　）が混じり合った ③（　　　　　）のままである。したがって，試験管Bでは鉄が磁石につくが，反応後の試験管Aでは，鉄は別の物質になっているので，磁石につかない。

　　　また，うすい塩酸を加えると，試験管Aでは ①（　　　）が反応して ④（　　　　　）が気体として発生し，試験管Bでは鉄が反応して ⑤（　　　　　）が気体として発生した。

□ ❺ 試験管Aを加熱したときの化学変化を化学反応式で表しなさい。

　　（　　　　　　　　　　　　　　　　　　　　　　　　　　　　　）

- - - - - - - - - -

ヒント ❶❷❸AもBも気体が発生するが，卵の腐ったようなにおいがするのは硫化水素である。

ミスに注意 ❶❺実験の結果から，化学変化によって何ができたか，つかんでおこう。

【 物質が酸素と結びつく変化 】

❷ 次の A ， B の化学変化について，下の文の（　　）に適切な化学式や数値を書きなさい。

A 　銅粉を空気中で加熱すると，黒色になり，質量が増加する。これは，銅と酸素が結びついて酸化銅ができたためである。

　　　　　銅　＋　酸素　⟶　酸化銅

B 　マグネシウムを空気中で加熱すると，酸素と結びついて質量が増加し，白い酸化マグネシウムの粉末になる。

　　　　マグネシウム　＋　酸素　⟶　酸化マグネシウム

☐ 　　　A ， B の化学変化を原子・分子を使って説明すると，次のようになる。

　　銅原子をCu，酸素原子をOで表すと，酸化銅は銅原子と酸素原子が1：1の割合で結びついているので， A の変化は次のようになる。

　　酸化銅の化学式は（ ㋐　　　　　），酸素は分子だからその化学式は（ ㋑　　　　　），銅は多くの原子の集まりだからその化学式は（ ㋒　　　　　）で表される。これらから化学反応式をつくると，
　　　2（ ㋓　　　　　）　＋　（ ㋔　　　　　）　⟶　（ ㋕　　　　　）

☐ 　　　同じように，マグネシウム原子をMgで表すと， B は次のようになる。

　　酸化マグネシウムがこのようにかけるのは，酸化マグネシウムが分子をつくらず，マグネシウム原子と酸素原子の数の比が1：（ ㋖　　　　　）の化合物であることがわかっているからである。したがって，酸化マグネシウムの化学式は（ ㋗　　　　　）と書ける。また，マグネシウムは多くの原子の集まりである。これらから，マグネシウムと酸素が結びつく化学変化を化学反応式に書くと，
　　　2（ ㋘　　　　　）　＋　O_2　⟶　（ ㋙　　　　　）
となる。

・・

🔍ヒント ❷銅やマグネシウムなどの金属は，分子をつくらない。

［解答▶p.2］

粒子（物質）

【 酸化物から酸素をとり除く変化 】

❸ 図のような装置で，酸化銅と活性炭
（炭素の粉末）の混合物を加熱したと
ころ，気体が発生した。これについて，
次の問いに答えなさい。

酸化銅と活性炭の混合物

目玉クリップ

加熱をやめた後

石灰水

□ ❶ 発生した気体を石灰水に通したところ，
どのように変化したか。

（　　　　　　　　　　　　　　）

□ ❷ 反応が終わったら，ガラス管を石灰水
から引きぬき，火を消した後，目玉ク
リップでゴム管を閉じた。目玉クリッ
プでゴム管を閉じたのはなぜか。理由
を簡単に書きなさい。

（　　　　　　　　　　　　　　）

□ ❸ この実験について，次の文の（　）に適当な言葉を書きなさい。

　　酸化銅は，活性炭に　①（　　　　　）が奪われて　②（　　　　　）になっ
た。また，活性炭は，酸化銅から　①　を奪って　③（　　　　　）
になった。つまり，酸化銅は　④（　　　　　）され，活性炭は
　⑤（　　　　　）されたことになる。　④　と　⑤　は同時に起こる。

【 化学変化と熱の出入り 】

❹ 図1のように，鉄粉と活性炭の混合物
に塩化ナトリウム水溶液をしみこませ
た半紙を入れてよく振り混ぜた。また，
図2のように，炭酸水素ナトリウムと
クエン酸の混合物に水を少々入れ，よ
く振り混ぜた。これについて，次の問
いに答えなさい。

図1
鉄粉と活性炭

塩化ナトリウム水溶液

図2
炭酸水素
ナトリウム
とクエン酸

水

□ ❶ 図1，図2では，温度はどう変化したか。次の⑦～⑦からそれぞれ選び，
記号で答えなさい。

　　　図1（　　　　　）　　図2（　　　　　）

　　⑦ 上がった。　　⑦ 下がった。　　⑦ 変化しなかった。

□ ❷ 図1，図2のような温度変化をする反応を，それぞれ何というか。

　　　図1（　　　　　　　）　　図2（　　　　　　　）

・・・

💡ヒント ❸❸銅より酸素と結びつきやすい物質を使って，酸化銅から酸素をとり除く。

Step 1 基本チェック 化学変化と物質の質量

10分

■ 赤シートを使って答えよう！

❶ 化学変化の前後での物質の質量

□ 化学変化の前後で，その化学変化に関係している物質全体の質量は
　[変わらない]。このことを [質量保存] の法則という。化学変化では，
　物質をつくる [原子] の組み合わせは変わるが，反応の前後では原子の
　[種類] と数は変わらないからである。

□ 化学変化の前後の物質全体の質量

❷ 反応する物質どうしの質量の割合

□ 銅の粉末を空気中で加熱すると，加熱前の銅より質量が [大きく] なる。
　これは，銅が空気中の [酸素] と結びついて [酸化銅] が生じたため
　である。質量の増加分は銅に結びついた [酸素] の質量である。

□ 反応前の金属の質量と酸化物の質量は [比例] し，さらに，結びついた
　[酸素] の質量は金属の質量に比例する。

□ 酸化銅の場合，銅の質量と酸素の質量の比は，つねに約 [4]：[1] に
　なっている。

□ 酸化マグネシウムの場合，マグネシウムの質量と酸素の質量の比は，つね
　に約 [3]：[2] になっている。

 グラフから，金属の質量と，結びついた酸素の質量の比を求める問題がよく出る。

Step 2 予想問題 ： 化学変化と物質の質量

30分
（1ページ10分）

【 質量保存の法則 】

❶ 図のような密閉容器に，炭酸水素ナトリウムの粉末とうすい塩酸を別々に入れ，次の操作①〜④を行った。この実験について，次の問いに答えなさい。

うすい塩酸

炭酸水素ナトリウム

操作① 容器全体の質量をはかった。

操作② 密閉したままで容器を傾けて，うすい塩酸と炭酸水素ナトリウムを混合し，容器全体の質量をはかった。

操作③ 密閉容器のふたをゆるめると，シューという音がした。

操作④ 音がしなくなってから，ふたたび容器全体の質量をはかった。

☐ ❶ 密閉容器の中で発生した気体は何か。　（　　　　　　　）

☐ ❷ 操作②で，容器全体の質量は，操作①のときに比べてどうなるか。次の⑦〜㋒から選び，記号で答えなさい。　（　　　　　　　）

　㋐ 気体が発生して圧力が大きくなるので，質量は大きくなる。

　㋑ 空気より密度の大きい気体が発生するから，質量は大きくなる。

　㋒ 炭酸水素ナトリウムがとけてしまうので，質量は小さくなる。

　㋓ 空気より密度の小さい気体が発生するから，質量は小さくなる。

　㋔ 空気より密度の大きい気体が発生するが，容器の中に閉じこめられているので，質量は変化しない。

気体にも質量があるよ。

☐ ❸ 操作④の容器全体の質量は，操作①のときに比べてどのようになっているか。次の㋐〜㋓から選び，記号で答えなさい。　（　　　　　　　）

　㋐ シューと音がして，外から空気が入るので，その分容器全体の質量は大きくなる。

　㋑ シューと音がして，容器の中の気体が外に出ていくので，その分容器全体の質量は小さくなる。

　㋒ シューと音がして，容器の中の気体が出ていき，かわりに外から空気が入ってくるので，容器全体の質量は変化しない。

　㋓ シューと音がするが，容器の内と外で気体の出入りはないから，容器全体の質量は変化しない。

ヒント ❶❸気体が発生すると，容器内の圧力が高くなる。

【 金属と結びつく酸素の質量 】

❷ 図のようにして，ステンレス皿の上で銅粉を加熱した。加熱前後の
質量を測定して，銅の質量と結びついた酸素の質量を求め，グラフ
に表した。同じようにマグネシウムを燃焼させ，加熱前後の質量を
測定し，グラフに表した。これについて，次の問いに答えなさい。

□ ❶ 0.8 g の銅は，何 g の酸素と結びつくか。　　　　（　　　　　）

□ ❷ 1.2 g のマグネシウムを燃焼させると，酸素とマグネシウムの化合物であ
る酸化マグネシウムは，何 g できるか。　　（　　　　　）

□ ❸ マグネシウムの質量と，マグネシウムと結びつく酸素の質量の比は，次
の⑦〜⑨のどれか。　　（　　　　）
　　⑦ マグネシウムの質量：酸素の質量 = 3 : 5
　　④ マグネシウムの質量：酸素の質量 = 5 : 3
　　⑨ マグネシウムの質量：酸素の質量 = 2 : 3
　　⑨ マグネシウムの質量：酸素の質量 = 3 : 2

□ ❹ 酸化マグネシウムは，マグネシウム原子と酸素原子の数の比が
1：1の化合物である。マグネシウム原子 1 個と酸素原子 1 個の
質量の比は，いくらになるか。　　（　　　：　　　）

□ ❺ 銅の質量と，銅と結びつく酸素の質量の比は，いくらになるか。
　　　　　　　　　　　　　　　　　　　（　　　：　　　）

□ ❻ 酸化銅は，銅原子と酸素原子の数の比が 1：1 の化合物である。銅原子
1 個と酸素原子 1 個の質量の比を求めなさい。　　（　　　：　　　）

□ ❼ マグネシウム原子 1 個と銅原子 1 個，酸素原子 1 個の質量の比を求めな
さい。　　（　　　：　　　：　　　）

> グラフが，原点を通る
> 直線になっている場合
> は，比例関係にあるよ。

ヒント ❷❷酸化マグネシウムの質量＝マグネシウムの質量＋結びついた酸素の質量

ミスに注意 ❷グラフの読み取りでは，横軸や縦軸が何かをきちんと確認しよう。

[解答 ▶ p.3]

【 金属と酸化物の質量の関係 】

❸ マグネシウムと銅の粉末をそれぞれステンレス皿に入れ，十分に加熱した。それぞれの酸化物の質量をグラフに表した。これについて，次の問いに答えなさい。

□ **❶** マグネシウムと銅を加熱したときにできる酸化物は何か。それぞれ化学式で答えなさい。

マグネシウム（　　　　　）

銅（　　　　　）

□ **❷** マグネシウム1.5 gと結びつく酸素の質量は何 gか。

□ **❸** 銅2.0 gをステンレス皿に入れて加熱したところ，加熱が不十分であったため，ステンレス皿の中の物質の質量は2.3 gであった。このとき，酸素と結びついていない銅は何 gか。　　　（　　　　　）

【 金属と結びつく酸素の質量 】

❹ 銅の粉末を空気中で加熱すると，酸素と結びついて質量がふえる。図は，銅の粉末を一定時間ずつ加熱して，加熱後の質量をはかった結果をグラフに表したものである。マグネシウムについても同じように実験し，結果をグラフに表した。これについて，次の問いに答えなさい。

□ **❶** このグラフが示していることは，次の⑦〜⑦のどれか。　　　（　　　　　）

⑦ 加熱時間が長いほど，結びつく酸素の量が多くなる。

① 長時間加熱しても，結びつく酸素の量はある限度以上にはふえない。

⑦ 酸素の量を多くすると，結びつく酸素の量が多くなる。

□ **❷** 酸素と結びつくと，マグネシウムは酸化マグネシウムMgOに，銅は酸化銅CuOになる。銅原子とマグネシウム原子はどちらのほうが重いか。

（　　　　　）

....

ヒント ❸❷グラフから，金属の質量と酸化物の質量は比例している。

ミスに注意 ❸❸加熱後の2.3 gの物質は，金属と酸化物が混じった状態であることに注意。

Step 3 予想テスト 化学変化と原子・分子

30分 /100点 目標70点

❶ 図のように，試験管に炭酸水素ナトリウムを入れて加熱した。しばらくすると，試験管の口に液体が生じ，ガラス管から気体が出てきた。加熱後，試験管には白い物質が残った。これについて，次の問いに答えなさい。技

炭酸水素ナトリウム

液体

ガラス管

石灰水

☐ **❶** 図のように，試験管の口を下げて加熱するのはなぜか。簡単に答えなさい。

☐ **❷** 試験管の口に生じた液体が水であることを確かめるには，何を用いればよいか。

☐ **❸** ガラス管から出てきた気体は何か。

☐ **❹** 石灰水の変化を簡単に答えなさい。

☐ **❺** 加熱後，試験管に残った白い物質は何か。

☐ **❻** ❺の物質を水にとかし，フェノールフタレイン（溶）液を加えると，何色になるか。

❷ 水素原子のモデルを Ⓗ，酸素原子のモデルを Ⓞ，炭素原子のモデルを Ⓒ，銅原子のモデルを Ⓒⓤ，窒素原子のモデルを Ⓝ で表す。これについて，次の問いに答えなさい。思

☐ **❶** Ⓞ Ⓞ のモデルは何を表しているか。

☐ **❷** 窒素分子のモデルをかきなさい。

☐ **❸** 二酸化炭素分子のモデルをかきなさい。

☐ **❹** 水分子のモデルをかきなさい。

☐ **❺** 銅の酸化の化学反応式は，$2Cu + O_2 \rightarrow 2CuO$ と表される。この化学反応式を原子のモデルを用いて表しなさい。

☐ **❻** 熱した酸化銅を水素が入った試験管に入れたときの化学反応式は，$CuO + H_2 \rightarrow Cu + H_2O$ と表される。この化学反応式を原子のモデルを用いて表しなさい。

❸ 図は，酸化鉄と炭素の粉末の混合物を加熱したときの物質の変化を表したものである。これについて，次の問いに答えなさい。思

酸化鉄 ＋ 炭素 → ア ＋ イ
① ②

☐ **❶** 物質ア，イは何か。

☐ **❷** 図の②は酸化を示している。①の化学変化の名称を答えなさい。

❹ 鉄粉7gと硫黄14gをよく混ぜ合わせ，試験管A，Bに分けた。図のように試験管Aに入れた混合物だけを加熱し，赤く色が変わりはじめたら加熱をやめて，変化のようすを観察した。これについて，次の問いに答えなさい。思

試験管A

□ ❶ 加熱をやめた後の混合物のようすを簡単に書きなさい。

□ ❷ 加熱後にできた物質名を答えなさい。

□ ❸ 試験管Aで起こった化学変化を化学反応式で書きなさい。

□ ❹ 試験管Aの中にできた物質と，加熱していない試験管Bの中の物質にそれぞれうすい塩酸を加えたときに発生した気体名を，それぞれ書きなさい。

❺ 2.0gの銅粉をステンレス皿にのせて，よく混ぜながら加熱した。グラフは，2分ごとの物質の質量の変化を表したものである。これについて，次の問いに答えなさい。思

□ ❶ 酸化が完全に終わったのは何分後か。

□ ❷ 6.0gの銅粉を加熱すると，酸化銅は何gできるか。

□ ❸ ❷のとき，銅粉と反応する酸素の質量は何gか。

□ ❹ 銅の質量とできた酸化銅の質量の比を求めなさい。

□ ❺ 銅の質量と反応した酸素の質量の比を求めなさい。

Step 1 | 基本チェック | 生物と細胞

10分

■ **赤シートを使って答えよう！**

❶ 生物の体の成り立ち

□ 植物や動物の体の基本単位は，［ 細胞 ］である。

□ 体が１つの細胞からできている生物を［ 単細胞生物 ］といい，体が多く
　の細胞で体ができている生物を［ 多細胞生物 ］という。

□ 形やはたらきが同じ細胞の集まりを［ 組織 ］という。いくつかの組織が
　集まって，まとまったはたらきをするものを［ 器官 ］という。さらに，
　いくつかの器官が集まって［ 個体 ］がつくられる。

❷ 細胞のつくり

□ 植物や動物の細胞には，染色液でよく染まる［ 核 ］があり，核のまわり
　に［ 細胞質 ］がある。細胞質のいちばん外側は［ 細胞膜 ］で囲まれて
　いる。

□ 植物の細胞には，細胞膜の外側に［ 細胞壁 ］があり，緑色の粒の
　［ 葉緑体 ］がある。成長した細胞では発達した［ 液胞 ］が見られる。

［ 植物 ］の細胞　　　［ 動物 ］の細胞

［ 葉緑体 ］　　［ 細胞膜 ］　　［ 核 ］
［ 細胞壁 ］
［ 液胞 ］

□ 細胞のつくり

❸ 細胞のはたらき

□ 生物の細胞が，［ 酸素 ］を使って（栄）養分を分解してエネルギーをとり
　出すことを［ 細胞呼吸（内呼吸） ］という。

テストに出る　動物と植物の細胞の，共通したつくりとちがっているつくりをまとめておこう。

Step 2 予想問題 **生物と細胞**

20分
（1ページ10分）

【 顕微鏡の使い方 】

❶ 顕微鏡の操作について，次の問いに答えなさい。

□ ❶ 細胞を観察するために，顕微鏡の倍率を600倍にしたい。接眼レンズを15倍のものを使用したとき，対物レンズは何倍のものを使えばよいか。

（　　　　　　　　　倍）

□ ❷ 対物レンズを交換したとき，対物レンズとプレパラートとの距離が変化した。倍率を上げたとき，この距離はどうなるか。

（　　　　　　　　　　　　　）

□ ❸ 倍率を上げたとき，視野と明るさはどうなるか。

視野（　　　　　　　　　） 明るさ（　　　　　　　　　）

【 植物や動物の細胞 】

❷ 図は，植物や動物の体やその一部を顕微鏡で見たものである。次の問いに答えなさい。

A　　⑦（核のまわりの部分）
B　　④
C　　⑰（厚くてじょうぶな膜）
D　　⑦（緑色の粒）
E　　⑨（うすい膜）
F

□ ❶ 図A〜Fから，タマネギの表皮の細胞と，ヒトのほおの内側の細胞を選び，記号で答えなさい。　タマネギ（　　　　） ヒト（　　　　）

□ ❷ 図中の⑦〜⑰がさしている細胞のつくりの名称を答えなさい。

⑦（　　　　　　　　　） ④（　　　　　　　　　） ⑰（　　　　　　　　　）
⑨（　　　　　　　　　） ⑰（　　　　　　　　　）

□ ❸ 図中の⑦〜⑰の中で，植物の細胞のみに見られるものを2つ選び，記号で答えなさい。

（　　　　　　　　　）

□ ❹ 細胞の一部を染色液で染めると観察しやすくなる。このとき使う赤色の染色液の名称と，染色液で染まる部分を⑦〜⑰から選びなさい。

染色液（　　　　　　　　　　　　　） 記号（　　　　）

細胞の核と細胞壁（さいぼうへき）以外の部分を，まとめて細胞質（さいぼうしつ）というよ。

● ●

ヒント ❶❶顕微鏡の倍率＝接眼レンズの倍率×対物レンズの倍率である。

ミスに注意 ❶❷対物レンズは，倍率が大きいもののほうが長い。

【 細胞 】

❸ 図は，細胞を模式的にかいたものである。この図を見て，次の問い
に答えなさい。

□ ❶ A〜Eの名称を答えなさい。

A （　　　　　　　）
B （　　　　　　　）
C （　　　　　　　）
D （　　　　　　　）
E （　　　　　　　）

□ ❷ 次の①〜③の内容と関係が深いものを，それぞれ図のA〜Eから選び，
記号で答えなさい。
① 酢酸カーミン溶液で染色すると，赤く染まる。　（　　　　　）
② 細胞を保護し，植物の体の形を保つ。　（　　　　　）
③ 細胞の活動でできた物質がとけている。　（　　　　　）

□ ❸ この図の細胞は，動物と植物のどちらか。　（　　　　　　）

□ ❹ ❸の答えの根拠となるものを，図のEを除くA〜Dからすべて選び，記
号で答えなさい。　（　　　　　）

【 生物の体をつくる細胞 】

❹ 生物の体をつくる細胞について，次の問いに答えなさい。

> ⑦ タマネギ　　⑦ ミカヅキモ　　⑦ アサリ　　⑦ カエル
> ⑦ オオカナダモ　　⑦ ミドリムシ　　⑦ ゾウリムシ

□ ❶ 　　　　の生物のうち，1つの細胞だけで体ができている生物をすべて選び，
記号で答えなさい。　（　　　　　）

□ ❷ ❶の生物を何というか。　（　　　　　）

□ ❸ ❷の生物に対して，多くの細胞で体がつくられている生物を何というか。
（　　　　　）

□ ❹ ❸の生物で，たくさんの組織が集まってできたものを何というか。
（　　　　　）

□ ❺ 生物が生きて活動するために，細胞が酸素を使って（栄）養分を分解し，
エネルギーをとり出すはたらきを何というか。　（　　　　　）

・・・

❌ ミスに注意　❸❹「Eを除く」とあるので，E以外から選ぶ。

［解答 ▶ p.6］

Step 1　基本チェック　植物の体のつくりとはたらき(1)

⏱ 10分

■ 赤シートを使って答えよう！

❶（栄）養分をつくる

□ ヒマワリの葉のつき方

□ 植物が日光を受けてデンプンなどの（栄）養分をつくるはたらきを ［光合成］ という。

□ 植物の葉は，多くの日光を受け，多くの（栄）養分をつくり出すために，重なり合わないようについている。

□ 光合成は，細胞の中の ［葉緑体］ で行われる。

□ 光合成は，光のエネルギーを利用して，水と ［二酸化炭素］ からデンプン（（栄）養分）をつくり出すはたらきで，このとき ［酸素］ も発生する。

□ デンプンは，水に ［とけやすい］ 物質に変わって，植物の体全体へ運ばれ，成長のために使われたり，再びデンプンに変わって ［果実］ や種子，根や茎などにたくわえられる。

□ 光合成のしくみ

❷ 植物の呼吸

□ 植物に光が当たると，［光合成］ と呼吸が同時に行われるが，昼は，光合成によって出入りする気体の量のほうが ［多］ いので，光合成だけが行われているように見える。

□ 昼と夜における呼吸と光合成

 光合成は昼，呼吸は昼も夜も行われていることに注意。

Step 2 予想問題 ・ 植物の体のつくりとはたらき(1)

20分
(1ページ10分)

【 光合成 】

❶ 図1のように，葉の一部をアルミニウムはくでおおい，この葉によく光を当てた。次に，図2のようにして，デンプンの有無を調べた。これについて，次の問いに答えなさい。

ふ入りのアサガオの葉

□ ❶ 白色のふの部分の細胞にないものは何か。　　（　　　　　）

□ ❷ 図2で，あたためたエタノールに入れたのはなぜか。簡単に答えなさい。
（　　　　　　　　　　　　）

□ ❸ 図2で，葉にデンプンがあると何色になるか。　（　　　　　）

□ ❹ 図1の葉で，デンプンがあることがわかったのは，A～Cのどこか。記号で答えなさい。　（　　　　）

【 光合成と二酸化炭素 】

❷ 図のように，葉を入れた試験管Aと，何も入れない試験管Bを用意し，それぞれに息をふきこんでゴム栓をし，日光に当てた。これについて，次の問いに答えなさい。

□ ❶ 30分後，それぞれの試験管に石灰水を少し入れ，ゴム栓をしてよく振った。このとき，試験管Aと試験管Bに入れた石灰水の色の変化を答えなさい。
A（　　　　　　　）　B（　　　　　　　）

□ ❷ ❶の結果から，光合成を行うとき，何が吸収されるといえるか。
（　　　　　　　　　）

□ ❸ 試験管Bのように，比較するものを用意して行う実験を，何実験というか。　（　　　　　　）

ヒント ❶❷「なぜか」と問われているので，「…ため。」「…から。」のように答える。
ミスに注意 ❷❸葉以外の条件を同じにすることで，実験の結果の原因が葉であることがわかる。

　　　　　　　　　　　　　　　　[解答 ▶ p.6]

【 光合成と気体の変化 】

❸ 図のように，鉢植えの植物にポリエチレンの袋をかぶせ，
□ 光合成を行わせて，酸素と二酸化炭素のそれぞれの割合を
気体検知管を用いて調べた。表はその結果をまとめたもの
である。１時間後の割合はどうなっていると予想できるか。
次の⑦～⑦から，酸素と二酸化炭素のそれぞれについて記号
を選びなさい。

気体検知管

① 酸素 （　　　） ② 二酸化炭素 （　　　）

⑦ 3 % 　④ 6 % 　⑦ 9 % 　⑤ 15 % 　⑦ 18 %

時間	酸素の割合	二酸化炭素の割合
はじめ	16.0 %	4.5 %
1時間後	①	②

【 光合成のしくみ 】

❹ 図は，光合成のはたらきを模式的に示したものである。
これについて，次の問いに答えなさい。

□ ❶ 根からとり入れられる物質ⓐは何か。（　　　　　　　）

□ ❷ ⓑとⓒにあてはまる物質名を答えなさい。

ⓑ（　　　　　　　）　　　　ⓒ（　　　　　　　）

□ ❸ 光合成に必要なⓓは，何を表しているか。

（　　　　　　　）

【 植物の呼吸 】

❺ 若い葉を入れたペットボトルＡと，空気だけを入れたペットボトル
Ｂを用意し，暗いところに一晩置いた。その２つのペットボトルの
中の空気をそれぞれ石灰水に通して変化を調べた。

動物と同じように，植物も呼吸をしているよ。

□ ❶ それぞれの石灰水の変化について，簡単に答えなさい。

Ａ（　　　　　　　）　　　Ｂ（　　　　　　　）

□ ❷ ❶の結果から，どのようなことがわかるか。簡単に答えなさい。

（　　　　　　　）

・・・

💡ヒント ❹❸光合成は昼間におこなわれる。

❌ミスに注意 ❺❷植物のはたらきについて答えること。

Step 1 基本チェック 植物の体のつくりとはたらき(2)

10分

■ 赤シートを使って答えよう！

❸ 水や（栄）養分を運ぶ

□ 被子植物には，根が ［主根］ と ［側根］ からなる双子葉類と，［ひげ根］ からなる単子葉類がある。

□ 根の先端近くにある小さな毛のような ［根毛］ は，根が土とふれる面積を大きくして，土の中の水や水にとけた物質を効率よく吸収する役割をもつ。

□ 根から吸収した水や水にとけた物質などが通る管を ［道管］ という。

□ 葉でつくられた（栄）養分が運ばれる管を ［師管］ という。

□ 数本の道管と師管が集まってつくられている束を ［維管束］ という。

□ 葉や根，茎などは，たくさんの小さな部屋のような ［細胞］ からできている。

□ 葉の内部の細胞の中には，緑色の粒である ［葉緑体］ が見られる。

□ 葉の表皮には，三日月形の細胞（孔辺細胞）に囲まれた ［気孔］ というすきまが見られる。

□ 根から吸い上げられた水は，気孔から水蒸気として出ていく。これを ［蒸散］ という。

［根毛］

水など　水など

［師管］ ［道管］

□ **根のつくり**

ホウセンカ　［道管］ ［師管］　トウモロコシ

□ **茎のつくり**

表皮（表側）

小さな緑色の粒 ［葉緑体］

［細胞］

孔辺細胞

［維管束］

［道管］

［師管］

水蒸気など

表皮（裏側）

［気孔］

□ **葉のつくり**

道管と師管の名前と位置，蒸散量を求める問題はよく出る。

24

Step 2 予想問題 ・ 植物の体のつくりとはたらき⑵

20分
（1ページ10分）

生命

【 茎^{くき}や根の観察 】

❶ 図1のように，食紅^{しょくべに}で着色した水にホウセンカをしばらくさした後，茎を輪切りにして顕微鏡^{けんびきょう}で観察し，図2のようなスケッチをかいた。また，図3は，ほり起こしたホウセンカの根のスケッチである。これについて，次の問いに答えなさい。

□ ❶ 図2で，食紅で赤く染^そまった部分はどこか。
　 ㋐〜㋓から選び，その記号と名称^{めいしょう}を答えなさい。

　　　 記号（　　　　　） 名称（　　　　　　　　　）

□ ❷ 図2のAの部分を何というか。名称を答えなさい。

　　　　　　　　　　（　　　　　　　　　　　）

□ ❸ 図3の㋔と㋕の根は，それぞれ何とよばれているか。名称を答えなさい。　　 ㋔（　　　　　　　　）　㋕（　　　　　　　）

【 根・茎・葉にある水の通り道 】

❷ 図は，植物の体内の物質の移動を模式的^{もしきてき}に示したものである。これについて，次の問いに答えなさい。

点UP

□ ❶ Cで吸収されたものは，根では㋒と㋓のどちらの管を通るか。また，茎では㋐と㋑のどちらの管を通るか。記号で答えなさい。

　　　　　　　 根（　　　　　） 茎（　　　　　）

□ ❷ AとBの管の名称を答えなさい。
　　　　　　　　A（　　　　　） B（　　　　　）

□ ❸ 葉でつくられた（栄）養分を運ぶ管は，AとBのどちらの管か。（　　　　　）

□ ❹ AとBは数本ずつ集まって束をつくり，根から茎，葉へとつながっている。この数本のAとBが集まった束を何というか。

　　　　　　　　　　　　　（　　　　　　　　　　）

茎の断面

㋐

㋑

C

㋓ 根の断面

・・

ヒント ❷❷道管は，直径が比較的大きいのが特徴^{とくちょう}である。

【 葉のつくり 】

❸ 図は，ツバキの葉を一部切りとり，断面を顕微鏡で観察したときの
スケッチである。これについて，次の問いに答えなさい。

□ ❶ ⓑのような小さな部屋のようなものを何というか。

（　　　　　　　　）

□ ❷ おもに，ⓑとⓔの内部に，緑色をした小さな粒（つぶ）がたくさん
見られた。この粒を何というか。　（　　　　　　　　）

□ ❸ ⓒとⓓの部分は，葉の表面から見るとすじのように見える。
この葉のすじを何というか。　（　　　　　　　　）

□ ❹ 葉でつくった（栄）養分を送る管は，ⓒとⓓのどちらか。
記号で答えなさい。　（　　　　　）

□ ❺ ⓐとⓕの部分の名称を答えなさい。

ⓐ（　　　　　　　　）　　ⓕ（　　　　　　　　）

□ ❻ この図で葉の裏側はAとBのどちらと考えられるか。　（　　　　　　　）

□ ❼ ❻のように考えた理由を簡単（かんたん）に答えなさい。

（

　　　　　　　　　　　　　　　　　　　　　　　　　　　　　　）

【 気孔（きこう）のはたらき 】

❹ 図は，植物のある部分を顕微鏡で観察したスケッチである。
これについて，次の問いに答えなさい。

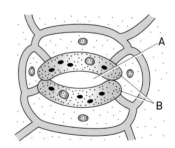

□ ❶ 図のつくりは，植物のどの部分に多く見られるか。
次の㋐〜㋓から選び，記号で答えなさい。　（　　　　　　　）

㋐ 根の表皮　　㋑ 茎の表皮　　㋒ 葉の裏の表皮

㋓ 葉の表の表皮

□ ❷ Bの細胞（さいぼう）に囲まれたすきまAの名称を答えなさい。

（　　　　　　　　）

□ ❸ すきまAから水蒸気（すいじょうき）を大気中に出すことを，何というか。

（　　　　　　　　）

□ ❹ ❸のはたらきは，昼間と夜間ではどちらがさかんに行われているか。

すきまAから水蒸気が
外に出て行くときの力
で，根からの水の吸い
上げがさかんになるよ。

（　　　　　　　　）

- -

🔦ヒント ❸❸葉の中の維管束（いかんそく）がすじのように見える。

❌ミスに注意 ❸❼理由を問われているので，「…から。」「…ため。」のように答える。

　　　　　　　　　　　　　　　　　　　　　　［解答 ▶ p.7］

Step 1 基本チェック : 動物の体のつくりとはたらき(1)

10分

■ 赤シートを使って答えよう！

❶（栄）養分をとり入れる

○ ヒトの消化器官

（図中のラベル：唾液腺，肝臓，胆のう，小腸，大腸，食道，胃，すい臓，肛門）

○ 口からとり入れられた食物は，歯や［ 消化管 ］の運動でくだかれたり，消化液にふくまれる［ 消化酵素 ］のはたらきで分解されることによって，吸収されやすい物質になる。この一連のはたらきを［ 消化 ］という。

○ デンプンは，唾液腺から出る唾液にふくまれる［ アミラーゼ ］という消化酵素や，すい臓から出るすい液中や小腸の壁の消化酵素のはたらきで，［ ブドウ糖 ］に分解される。

○ タンパク質は，胃液中の［ ペプシン ］とすい液中のトリプシンと小腸の壁の消化酵素のはたらきで，［ アミノ酸 ］に分解される。

○ 脂肪は，すい液中のリパーゼのはたらきで，［ 脂肪酸 ］と［ モノグリセリド ］に分解される。

胆汁（たんじゅう）には消化酵素がふくまれていないけれど，脂肪を小さな粒（つぶ）にするなど，脂肪の消化を助けているよ。

	口	胃	小腸		
	唾液中の消化酵素	胃液中の消化酵素	胆汁	すい液中の消化酵素	小腸の壁の消化酵素
デンプン					→ ［ ブドウ糖 ］
タンパク質					→ ［ アミノ酸 ］
脂肪					→ ［ モノグリセリド ］［ 脂肪酸 ］

○ ヒトの食物の消化

○ 小腸の内側の壁のひだの表面には，［ 柔毛 ］という小さな突起が多数あり，ここから（栄）養分は吸収される。

○ ブドウ糖と［ アミノ酸 ］は柔毛の［ 毛細血管 ］から吸収され，脂肪酸とモノグリセリドは柔毛で吸収された後，再び脂肪になってリンパ管へ入る。

（図中のラベル：柔毛，毛細血管，リンパ管）

○ 小腸の内側の壁

テストに出る 唾液のはたらきの実験はよく出る。指示薬と反応について，まとめておこう。

27

Step 2 ┃ 予想問題 ┃ **動物の体のつくりとはたらき⑴**

20分
（1ページ10分）

【 唾液のはたらき 】

❶ ヒトの唾液のはたらきを調べるために，次の実験をした。

実験 同量のデンプンのりが入った試験管①，②を用意し，①
にはうすめた唾液を，②には同量の水を加えてから，
ⓐある温度の水に10分間つけた。
次に，①の液を試験管A，Bに分け，②の液を試験管C，
Dに分けてから，試験管AとCにはヨウ素溶液を加えて反
応を調べた。試験管BとDにはベネジクト溶液を加えてか
らⓑある操作をして反応を調べた。表は，その結果を示し
たものである。

デンプン
のり＋
唾液

デンプン
のり＋水

A　C　B　D

□ ❶ 実験の下線部ⓐの温度として，もっとも適切なものはどれか。
次の⑦〜⓪から1つ選びなさい。　（　　　）
⑦ 約0℃　　④ 約20℃　　⑦ 約40℃
⓪ 約70℃

□ ❷ ❶で答えた温度にするのは，何の温度に近づけ
るためか。　（　　　　　）

試薬＼試験管	A	B	C	D
ヨウ素溶液	反応なし		反応あり	
ベネジクト溶液		反応あり		反応なし

□ ❸ 実験の下線部ⓑのある操作とはどのような操作か。簡単に答えなさい。
（　　　　　　　　　　　　　　　　　　　）

□ ❹ ヨウ素溶液を加えたとき，試験管Cの液は何色に変化したか。
次の⑦〜⓪から1つ選びなさい。　（　　　）
⑦ 赤色　　④ 白色　　⑦ 黄褐色　　⓪ 青紫色

□ ❺ ベネジクト溶液で反応を調べたとき，試験管Bの液はどのように反応し
たか。次の⑦〜⓪から1つ選びなさい。　（　　　）
⑦ 白色の沈殿ができた。　　④ 赤褐色の沈殿ができた。
⑦ 液が緑色になった。　　⓪ 液が青紫色になった。

□ ❻ この実験から，唾液にはどのようなはたらきがあるといえるか。
（　　　　　　　　　　　　　　　　　　　）

□ ❼ 唾液中にふくまれる消化酵素は何か。名称を答えなさい。
（　　　　　　　　　　　　　）

・・

💡ヒント ❶❶ヒトの体温は，約36℃である。

✕ミスに注意 ❶❻ヨウ素溶液が反応ありということは，デンプンが残っているということである。

［解答▶p.8］

【 ヒトの消化に関係する器官 】

❷ 図は，ヒトの消化に関係する器官を表したものである。

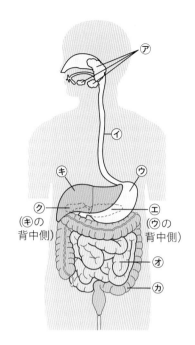

(⑦の
背中側) (⑰の
背中側)

□ **❶** 図の⑦～⑨を何というか。

⑦ （　　　　　　）　　⑦ （　　　　　　）

⑦ （　　　　　　）　　⑦ （　　　　　　）

⑦ （　　　　　　）　　⑰ （　　　　　　）

⑦ （　　　　　　）　　⑨ （　　　　　　）

□ **❷** 図の⑦～⑨の中で，食物が通らない器官が 4 つある。
すべて選び記号で答えなさい。

（　　　　　　　　）

□ **❸** デンプンが最初に消化される消化液を出すところは
⑦～⑨のどこか。 （　　　　）

□ **❹** ⑦から出る消化液を何というか。名称を答えなさい。

（　　　　　　　　）

□ **❺** 消化液にふくまれる，食物を消化するはたらきを
もつものを何というか。 （　　　　　　　　）

【 養分の吸収 】

❸ 図は，ヒトのある消化器官の内側の壁の一部を表したものである。

毛細血管

□ **❶** 図のようなものがあるのは，体の中の何という器官か。（　　　　　　）

□ **❷** 図のAは，壁の表面に無数にある。Aを何というか。（　　　　　　）

□ **❸** 図のBの管を何というか。 （　　　　　　）

□ **❹** 毛細血管は，消化された（栄）養分を吸収する。どんな（栄）養分を吸
収するか。次の⑦～⑦から 2 つ選びなさい。 （　　　　　　）
⑦ ブドウ糖　　⑦ アミノ酸　　⑦ デンプン　　⑦ 脂肪酸

□ **❺** 図のAのような突起が無数にあることは，どのような点で利点があるか。
簡単に説明しなさい。

（　　　　　　　　　　　　　　　　　　　　　　　　　　　）

ヒント ❷❷食物が通る消化管は，口から肛門まで 1 本の道になっている。

ミスに注意 ❸❹デンプンとタンパク質が分解されてできたものは毛細血管，脂肪はリンパ管。

Step 1 基本チェック　動物の体のつくりとはたらき(2)

10分

■ 赤シートを使って答えよう！

❷ 動物の呼吸

□ ヒトでは，吸いこまれた空気は ［気管］ を通って肺に入る。ヒトの肺は，細かく枝分かれした気管支と ［肺胞］ という小さな袋が集まってできている。

□ 肺胞のまわりは ［毛細血管］ が網の目のようにとり囲み，肺胞内の空気から血液中へ ［酸素］ がとり入れられ，血液中から肺胞内へ ［二酸化炭素］ が出される。

［気管］
［肺胞］
［気管支］
拡大
［毛細血管］

□ **ヒトの呼吸系**

❸ 不要な物質のゆくえ

□ 体内に生じた不要な物質を体外に出すはたらきを ［排出］ という。

□ アミノ酸が分解されてできる有害なアンモニアは血液中にとりこまれて，［肝臓］ に運ばれて，害の少ない ［尿素］ に変えられる。

□ 尿素などの不要な物質は ［腎臓］ で血液中からこし出され，［尿］ として体外へ排出される。

❹ 物質を運ぶ

□ 血液は，赤い色素の ［ヘモグロビン］ をふくむ ［赤血球］ や，［白血球］，血小板などの固形成分と，［血しょう］ という液体成分からなる。

□ 毛細血管からしみ出した血しょうの一部が ［組織液］ となり，血液と細胞の間で物質の受けわたしのなかだちとなる。

□ 心臓から送り出された血液が流れる血管を ［動脈］ といい，壁が厚く，弾力がある。

□ 心臓にもどる血液が流れる血管を ［静脈］ といい，ところどころに弁がある。

● 酸素
● 二酸化炭素
■ (栄) 養分
□ 不要な物質

［肺循環］ ←循環の名称

肺の毛細血管
肺動脈　肺静脈
［静脈］血
酸素の少ない血液
心臓
静脈　動脈
体の細胞
核
［動脈］血
酸素を多くふくんだ血液
［体循環］ ←循環の名称

□ **ヒトの血液の流れ**

テストに出る　肺胞が多いため，気体交換が効率よくできることを，文章で書けるようにしておこう。

Step 2 予想問題 ● 動物の体のつくりとはたらき(2)

20分
（1ページ10分）

【 ヒトの肺のつくり 】

❶ 図は，ヒトの肺とその一部を拡大したものである。次の問いに
答えなさい。

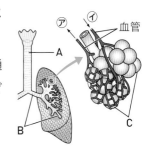

□ ❶ 鼻や口から吸いこまれた空気は，Aの管，枝分かれしたBの管を通
って，最後には小さなCの袋に入る。A，B，Cの名称をそれぞ
れ答えなさい。

A（　　　　　　） 　B（　　　　　　） 　C（　　　　　　）

□ ❷ 図中の㋐，㋑の矢印は，血液の流れる方向を表している。次の①や②の
物質が多くふくまれている血液は，㋐と㋑のどちらへ流れているか。そ
れぞれ記号で答えなさい。　①（　　　　　　）　　②（　　　　　　）

① 二酸化炭素　　　② 酸素

□ ❸ 肺が無数のCでできていることは，どのような利点があるか。「表面積」，
「効率」という語を使って，簡単に書きなさい。

（　　　　　　　　　　　　　　　　　　　　　　　　　　　　　）

【 不要な物質の排出 】

❷ 図は，ヒトのある排出器官のしくみを示したものである。図を
見て，次の問いに答えなさい。

□ ❶ A〜Cの器官の名称を答えなさい。

A（　　　　　　） 　B（　　　　　　） 　C（　　　　　　）

□ ❷ アミノ酸が分解されてできる，窒素をふくむ有害な物質は何か。

（　　　　　　　　　　）

□ ❸ ❷の有害な物質は，ヒトでは何につくり変えられているか。

（　　　　　　　　　　）

□ ❹ Aのはたらきを説明した文を，次の㋐〜㋒から選びなさい。　　（　　　　）

㋐ 体内の有害な物質を無害なものにつくり変える。

㋑ 血液中から，不要な物質や余分な無機物などをこし出す。

㋒ 血液中から，余分なタンパク質やブドウ糖をこし出す。

❌ ミスに注意 ❶❸指定されている語は，必ず使うこと。

💡 ヒント ❷❹有害なものを無害な物質に変えるはたらきは，腎臓のはたらきではない。

【 血液の成分とはたらき 】

❸ 図は，ヒトの血液と細胞との間での物質のやりとりのようすを，模式的に表したものである。次の問いに答えなさい。

血液の流れ

毛細血管　細胞

□ ❶ 図のＡは，円盤状をした血液の成分，図のＢは，血液の液体成分である。図の▲は，Ａによって運ばれてきたものであり　図の●は，Ｂによって運ばれてきたものである。▲と●はそれぞれ，何を表しているか。

▲ （　　　　　　　　　　） ● （　　　　　　　　　　）

□ ❷ Ｂの液体成分を，何というか。 （　　　　　　　　　　）

□ ❸ 図のＢの液体の一部が毛細血管からしみ出したものを何というか。その名称を答えなさい。 （　　　　　　　　　　）

□ ❹ ❸の液にはどのようなはたらきがあるか。簡単に説明しなさい。

（　　　　　　　　　　　　　　　　　　　　　　　）

酸素を運ぶものと二酸化炭素を運ぶものはちがうね。

【 血液の循環 】

❹ 図は，全身の血液の流れを模式的に表したものである。次の問いに答えなさい。

□ ❶ ㋐は気体の交換を行う器官である。その器官名を答えなさい。

（　　　　　　　　　　）

□ ❷ 次の@〜@は，ＣとＤの間（図の下側）についての説明である。正しいものをすべて選び，記号で答えなさい。 （　　　　　　　　　　）
　　@ 酸素を体の細胞にわたす。
　　ⓑ 二酸化炭素を体の細胞にわたす。
　　ⓒ 酸素を血液にとりこむ。
　　ⓓ 二酸化炭素を血液にとりこむ。

□ ❸ Ａ〜Ｄの中で，血管の壁が厚いのはどれか。あてはまるものをすべて選びなさい。 （　　　　　　　　　　）

□ ❹ Ａ〜Ｄの中で，酸素の少ない暗赤色の血液が流れている血管はどれか。あてはまるものをすべて選びなさい。 （　　　　　　　　　　）

□ ❺ Ａの血管名を答えなさい。 （　　　　　　　　　　）

□ ❻ 心臓からＣ，Ｄを通って心臓にもどる血液の循環を何というか。

（　　　　　　　　　　）

・・

💡ヒント ❸❷赤血球は酸素を肺から運び，細胞にわたす。

✖ミスに注意 ❹❹動脈に静脈血が流れているところがあるので注意。

Step 1 基本チェック　動物の体のつくりとはたらき⑶

10分

■ 赤シートを使って答えよう！

❺ 感じとるしくみ

☐ 光や音のような，生物にはたらきかけてなんらかの反応を起こさせるもの
を［刺激］といい，それを受けとる部分を［感覚器官］という。ヒト
には，目，耳，鼻，舌，［皮膚］などがある。

☐ 感覚器官には，刺激を受けとる感覚細胞という特別な
細胞が集まっており，この細胞で受けとった刺激は
［神経］を通って脳へ伝わる。

☐ ヒトの目では，物体からの光の刺激は，レンズ（水晶体）
→［網膜］→視神経の順で脳へ伝わる。

☐ ヒトの耳では，音の刺激は，［鼓膜］→耳小骨
→［うずまき管］→聴神経の順で脳へ伝わる。

［レンズ（水晶体）］
［視神経］
瞳
脳へ
虹彩
［網膜］

☐ 目のつくり（断面図）

❻ 刺激を伝えたり反応したりするしくみ

☐ 脳と脊髄は［中枢神経］とよばれ，そこから枝分かれして出ていく神経
を［末しょう神経］という。

☐ 感覚器官が受けとった刺激は，［感覚神経］によって脳や脊髄に伝えられる。

☐ 脳からの命令は，［運動神経］によって運動器官や内臓の筋肉に伝えられ，
反応が起こる。

☐ 刺激に対して無意識に起こる反応を，［反射］という。

❼ 運動のしくみ

☐ ヒトの体の中には，関節でつながった［骨格］があり，体の内部にある
ことから内骨格ともいう。

☐ 骨についている筋肉は，両端が［けん（腱）］になっていて，関節にへ
だてられた2つの骨についている。

☐ ひじの部分でうでが曲がるのは，骨の両側にある筋肉の一方が［収縮］し，
もう一方は［ゆるむ］ことで関節が曲がるからである。

 反射の経路や，反射が何に役立つのかは，よく出る。

33

Step 2 予想問題 **動物の体のつくりとはたらき⑶**

20分
（1ページ10分）

【 ヒメダカの目のはたらき 】

❶ 図のように，ヒメダカを入れた水そうの外側で縦じま模様の紙を矢印の方向に回し，ヒメダカの泳ぐようすを観察した。次の問いに答えなさい。

ヒメダカ　　　紙の回転の向き

☐ ❶ ヒメダカの泳ぐ向きは，AとBのどちらか。

（　　　　　　）

☐ ❷ 下の文の（　）に適する言葉を入れなさい。
　ヒメダカは周囲の動きを（　　　　）で感じとり，模様に合わせて泳ぐ。

【 目のつくりとはたらき 】

❷ 図は，ヒトの目の垂直断面を示したものである。次の問いに答えなさい。

☐ ❶ 図のA〜Cの名称を答えなさい。

A（　　　　　）　B（　　　　　）　C（　　　　　）

☐ ❷ A〜Cのはたらきを下の⑦〜⑨からそれぞれ選び，記号で答えなさい。

A（　　　　　）　B（　　　　　）　C（　　　　　）

⑦ 瞳の大きさを変え，目に入る光の量を調節する。
⑦ 光の刺激を受けとる細胞がある。
⑦ 筋肉によってふくらみを変え，ピントの合った像をつくる。

【 耳のはたらき 】

❸ 図は，耳のつくりを示したものである。次の問いに答えなさい。

☐ ❶ A〜Cの名称を答えなさい。

A（　　　　　　）　　　B（　　　　　　）
C（　　　　　　）

☐ ❷ 空気の振動が液体の振動に変わるのは，A〜Cのどれか。
（　　　　　）

ヒント ❶❶ヒメダカは，その場にとどまっていようとする。紙を回転したとき，常にヒメダカにとって模様が同じように見えるためには，ヒメダカはどのように動くか。

ヒント ❸❷うずまき管の内部は液体で満たされている。

　　　　　　　　　　　　　　　　　　　　　　　　　　　　　　[解答 ▶ p.9]

【 刺激と反応 】

❹ 図は，ヒトの神経系のつくりを模式的に示したものである。

皮膚

筋肉

□ ❶ 図のAとBは何か。それぞれの名称を答えなさい。

A（　　　　　）　　B（　　　　　）

□ ❷ 図の ⓐ，ⓑ で示した部分は神経を表している。ⓐとⓑ の名称を答えなさい。

ⓐ（　　　　　）　　ⓑ（　　　　　）

□ ❸ 「足が冷たくなったので，くつ下をはいた」という場合，刺激が伝わってから，反応が終わるまでの道筋はどうなるか。図を見て，次の⑦〜⑨から正しいものを１つ選び，記号で答えなさい。　（　　　）

⑦ ⓐ→B→ⓑ

⑦ ⓐ→B→A→B→ⓑ

⑦ ⓑ→B→ⓐ

⑦ ⓑ→B→A→B→ⓐ

□ ❹ 「熱いものにふれて，思わず手を引いた」というような反応を何というか。　（　　　）

□ ❺ ❹の起こる道筋はどうなるか。図を見て❸の⑦〜⑨から１つ選び，記号で答えなさい。　（　　　）

【 骨格と筋肉 】

❺ 図は，ヒトのうでの骨と筋肉を模式的に示したものである。

□ ❶ 筋肉の両端にあって，筋肉と骨をつないでいる部分（図のⓐ）を何というか。　（　　　）

□ ❷ 骨と骨のつなぎ目の部分（図のⓑ）を何というか。　（　　　）

□ ❸ うでをのばしたとき，ⓒやⓓの筋肉はどうなるか。次の⑦〜⑨から１つ選び，記号で答えなさい。　（　　　）

⑦ ⓒは縮み，ⓓはゆるむ。

⑦ ⓒはゆるみ，ⓓは縮む。

⑦ ⓒもⓓも縮む。

⑦ ⓒもⓓもゆるむ。

ヒント ❹❸脳で判断した行動である。

Step 3 予想テスト 生物の体のつくりとはたらき

 30分 /100点 目標70点

❶ 図は，動物の細胞と植物の細胞を模式的に示したものである。これについて，次の問いに答えなさい。

□ **①** A，Bのうち，植物の細胞はどちらか。

□ **②** 図の㋐～㋒のそれぞれの名称を答えなさい。

□ **③** 緑色の小さい粒状の㋓では，どのようなはたらきが行われるか。そのはたらきの名称を答えなさい。

□ **④** ヒトやタマネギのように，多くの細胞で体がつくられている生物を何というか。

❷ 葉の枚数や大きさがほぼ同じ植物の枝を4本準備して，それぞれの葉に図1の処理をし，同じ場所に数時間置いた後，それぞれのフラスコの水の減少量を調べた。表は，その結果をまとめたものである。次の問いに答えなさい。技 思

□ **①** 食用油を入れた理由を簡単に答えなさい。

□ **②** 水の量が減少したのは，植物の何というはたらきによるか。

□ **③** 葉の裏から出ていった水の量は何cm³か。

□ **④** 表のPにあてはまる値を求めなさい。

□ **⑤** BとCの結果のちがいから，実験に使った葉のつくりについて，簡単に説明しなさい。

□ **⑥** 図2と図3は，アブラナの茎と葉の断面図である。根から吸収された水の通り道をa～eから2つ選び，その名称を答えなさい。

□ **⑦** 葉のcとdの集まりを何とよぶか。

□ **⑧** eから出ていく気体をすべて答えなさい。

図1

A そのままで葉に何も処理しなかった。

B すべての葉の表にワセリンをぬった。

C すべての葉の裏にワセリンをぬった。

D すべての葉をとってその切り口にワセリンをぬった。

表

フラスコ	A	B	C	D
水の減少量 (cm³)	6.9	5.8	P	0.2

図2

図3

❸ 図は，ヒトの血液の流れを表す模式図である。これ
について，次の問いに答えなさい。ただし，図は正
面から見たものとして表している。思

□ ❶ 図中の矢印 a，b は血液の流れる向きを示している。
どちらの矢印が正しいか。記号で答えなさい。

□ ❷ 図中の X の器官の名称を答えなさい。

□ ❸ X の器官のはたらきとして正しいものを次の⑦～⑦
からすべて選び，記号で答えなさい。
　　⑦ すい液をつくる。
　　⑦ 尿素をこし出す。
　　⑦ 胆汁をつくる。
　　⑦ 酸素を放出する。
　　⑦ 有害物質を無害化する。

□ ❹ 次の①～③の血管を，図の A ～ N から 1 つ選び，記
号で答えなさい。
　　① 酸素をもっとも多くふくむ血液が流れる静脈
　　② （栄）養分をもっとも多くふくむ血液が流れる血管
　　③ 尿素がもっとも少ない血液が流れる血管

Step 1 基本チェック 気象観測

10分

■ 赤シートを使って答えよう！

❶ 大気中ではたらく力

□ 大気の重さによって生じる力は，あらゆる向きから物体の表面に［垂直］にはたらいている。

□ 一定面積あたりの面を［垂直］に押す力のはたらきを［圧力］という。

□ 圧力の大きさは，以下の式で求めることができる。

$$圧力〔Pa〕 = \frac{力の大きさ〔［N］〕}{力がはたらく［面積］〔m^2〕}$$

□ 圧力の単位には，ニュートン毎平方メートル（記号［N/m²]）や［パスカル］（記号Pa）を用いる。

　　1 Pa＝［1］N/m²＝0.0001 N/cm²

□ 大気による圧力を［大気圧（気圧）］という。海面と同じ高さのところでは，平均約1013 hPa（ヘクトパスカル）であり，この大きさを1気圧とよぶ。

❷ 大気のようすを観測する

□ 大気のようすは，気圧，気温，［湿度］（空気の湿りけの度合い），風向・風速，［雲量］（空全体を10としたときに雲が空をしめる割合），雨量などの［気象要素］で表す。

□ 天気は天気記号で表し，風は［16］方位の風向と，風速から求めた［風力］をはねの数で表す。

□ 気温は，乾湿計の乾球温度計の示度（示す温度）を読みとる。

□ 湿度は，乾球温度計の示度と，乾球温度計と湿球温度計の示度の差から，［湿度表］を用いて求める。

□ 気圧は，アネロイド気圧計や水銀気圧計を用いて調べる。

記号	天気	雲量
○	［快晴］	［0〜1］
◐	［晴れ］	［2〜8］
◎	［くもり］	［9〜10］
●	［雨］	
⊗	［雪］	

□ 天気記号

テストに出る　圧力を計算で求める問題がよく出る。公式を覚えておこう。

Step 2 予想問題 ● 気象観測

地球

【 大気の圧力(あつりょく) 】

❶ 図のように，ペットボトルの中の空気を減圧ポンプでぬくと，ペットボトルがつぶれた。

減圧ポンプ

空気をぬく。

□ **❶** ペットボトルがつぶれたのは，空気の重さによって生じる圧力によるものである。この圧力を何というか。 （　　　　　　　）

□ **❷** ❶の大きさは，海面と同じ高さの所では何気圧か。 （　　　　　）

□ **❸** ペットボトルのつぶれ方から考えて，この圧力がはたらく方向についてどのようなことがいえるか。 （　　　　　　　　　　）

□ **❹** ペットボトルの栓(せん)をしたまま，空気をぬかずに高い山の上まで持っていくとどうなるか。また，その理由も簡単に書きなさい。

ペットボトルのようす （　　　　　　）

理由 （　　　　　　　　）

【 圧力 】

❷ 次の問いに答えなさい。

実験 図のように，スポンジの上に一辺の長さを5cm，10cmの正方形に切りとった板を置き，水を入れたペットボトルをさかさまにして立ててスポンジのへこみ方を調べた。水を入れたペットボトルの質量は2kgとし，100gの物体にはたらく重力の大きさを1Nとする。

A　　　　　水　　　B
5cm
四方の板　　　10cm
四方の板
スポンジ

□ **❶** スポンジのへこみ方が大きいのは，AとBのどちらか。 （　　　）

□ **❷** Aが，スポンジを押(お)す力は何Nか。 （　　　　N）

□ **❸** Aのスポンジが受ける圧力は，Bのスポンジが受ける圧力の何倍か。

（　　　　倍）

□ **❹** Bのスポンジが受ける圧力は何Paか。 （　　　Pa）

- -

⊗ ミスに注意 ❶❹高い山の上の状況を答える。理由を問われているので「…から。」のように答える。

⊗ ミスに注意 ❷❹1Pa＝1N/m²である。

【 気象要素の変化 】

❸ グラフは，３日間の気圧，気温，湿度の変化を示したものである。
次の問いに答えなさい。

□ ❶ 気温を示すグラフは，ⓐとⓑのどちらか。 （   ）

□ ❷ 3月27日の天気は，どのように変化しているか。
（   ）

□ ❸ 次の文章は，グラフから読みとれることをまとめてある。正しい内容で
あれば○を記入し，誤りであれば，下線部を正しい表現に改めなさい。
① 気温の変化は，雨やくもりの日より晴れの日のほうが小さい。 （   ）
② 気温と湿度の変化のしかたは，逆になっている。 （   ）
③ 雨が降ると，湿度は低くなっている。 （   ）
④ 晴れのときでも，明け方など気温が下がれば，湿度は高くなっている。 （   ）

□ ❹ 3月28日の12時の風向，風力，天気をかきなさい。また，このときの
雲量を⑦〜⑨から選びなさい。

風向（   ）　　　風力（   ）　　　天気（   ）

雲量（   ）

⑦ 0〜1　　⑦ 2〜8　　⑨ 9〜10

□ ❺ ある日のある時間の乾湿計の目盛りを調べたところ，
乾球の示度は14℃，湿球の示度は12℃であった。
① このときの気温は何℃か。 （   ℃）
② このときの湿度は何％か。右の湿度表から求
めなさい。 （   ％）

		乾球の示度−湿球の示度〔℃〕					
		0.0	0.5	1.0	1.5	2.0	2.5	3.0
乾球の示度〔℃〕	15	100	94	89	84	78	73	68
	14	100	94	89	83	78	72	67
	13	100	94	88	83	77	71	66
	12	100	94	88	82	76	70	65
	11	100	94	87	81	75	69	63
	10	100	93	87	81	74	68	62

╳ ミスに注意 ❸❷「どうなっているか」と問われているので「…いる。」と答える。

💡 ヒント ❸❺②乾球の示度と，乾球の示度−湿球の示度が交差したところの値を読みとる。

［解答 ▶ p.11］

Step 1 〔基本チェック〕 **天気の変化(1)** ⏱ 10分

■ 赤シートを使って答えよう！

❶ 霧のでき方

□ 〔霧〕は，地表付近の空気が冷やされて，水蒸気が水滴になって発生する。

❷ 雲のでき方

□ 上昇する空気の動きを〔上昇気流〕，下降する空気の動きを〔下降気流〕という。

□ 空気が上昇すると，膨張して温度が〔下が〕り，水蒸気の一部は水滴になり，〔雲〕が発生する。小さな雲粒が大きく成長して，雨や雪として地表に降るものを降水という。

□ 地球上の水は，すがたを変えながら循環している。この循環を支えているのは太陽（太陽光）のエネルギーである。

雲は，できる高さや形から10種類に分けられているよ。

❸ 空気にふくまれる水蒸気の量

□ 空気 1 m³中にふくむことのできる水蒸気の最大量を〔飽和水蒸気量〕（単位g/m³）という。

□ 空気中の水蒸気の量が，飽和水蒸気量と一致したときの温度を〔露点〕という。

□ 空気の湿りけの度合いは，〔湿度〕で示される。

$$湿度〔\%〕＝\frac{空気 1 m³中にふくまれる〔水蒸気量〕〔g/m³〕}{その温度での〔飽和水蒸気量〕〔g/m³〕}×100$$

□ **温度と水蒸気量**

□ **湿度と水蒸気量の関係**

 湿度の計算はよく出るので，公式を覚えておこう。

Step 2 予想問題 ● 天気の変化(1)

【霧】

❶ 図のような装置を用いて，霧をつくる実験をした。

□ ❶ ガラス容器の中に入れた X は何か。

（　　　　　　　　　　　　）

□ ❷ ガラス容器の上部のラップシートの上に氷と水を入れると，容器の中はどうなるか。

（　　　　　　　　　　　　　　　　　　　　　　　）

□ ❸ この現象と同じものを次の㋐～㋒からすべて選び，記号で答えなさい。　（　　　　　）

　㋐ 冷蔵庫を開けると，白いもやが出てくる。

　㋑ 気温が低い朝に地面のアスファルトの表面に白いものが付着する。

　㋒ 冬の朝，はく息が白くなって見える。

【雲】

❷ 図のように，ぬるま湯を少量入れたペットボトルを少しへこませて，ゴム栓をした。この容器を強くへこませたとき，デジタル温度計は21.7℃を示した。

□ ❶ 手を放すと容器内の空気の体積はどうなるか。

（　　　　　　　　　　　　）

□ ❷ ❶のとき温度はどうなるか。

（　　　　　　　　　　　　）

□ ❸ このとき，容器の中に確認できる変化を答えなさい。

（　　　　　　　　　　　　）

・・

 ❶❸寒い朝に地面のアスファルトの表面に付着したものは，氷で霜という。

 ❷容器内にぬるま湯を入れているので，容器内の空気は，はじめから湿度が高い。

［解答 ▶ p.12］

【 雲 】

❸ 雲のでき方について，図を見て，次の問いに答えなさい。

□ ❶ 図の@，ⓑ，ⓒのモデルは，それぞれ何を表しているか。

@ （　　　　　）

ⓑ （　　　　　）

ⓒ （　　　　　）

□ ❷ 図の⑦は何℃であると考えられるか。　　（　　　　　）

□ ❸ 次の文中の（　　）に適当な言葉を入れなさい。

空気は，あたためられると上空にのぼっていく。空気のかたまりは，上昇するにしたがって　①（　　　　　）し，その温度は　②（　　　　　）。やがて，ある温度以下になると，その空気中の　③（　　　　　）の一部が小さな水滴になる。温度が0℃以下の場合には，小さな　④（　　　　　）の粒ができはじめる。こうしてできた水滴や④の粒が　⑤（　　　　　）に支えられて浮かんでいるものが　⑥（　　　　　）である。

【 水の循環 】

❹ 自然界の水の循環について，次の問いに答えなさい。

□ ❶ @は地上に降る雨や雪などを示している。雨や雪などをまとめて何というか。

（　　　　　）

□ ❷ 地球上の水は，おもに固体，液体，気体のどの状態で存在しているか。

（　　　　　）

□ ❸ 水の循環のもとになるエネルギーは何か。

（　　　　　）

自然界の水は，状態を変化させながら循環していて，ふえたり減ったりしていないよ。

ヒント ❸❸上昇気流→気圧低下→空気の膨張→露点以下で水滴が生じる。

【 露点と湿度 】

❺ 室温20℃の部屋で，15℃の水を金属製のコップに入れた。図のように，氷を入れた試験管をゆっくり動かして水温を下げていったところ，水温が10℃になったとき，セロハンテープの境界付近がくもりはじめた。表を参考にして，次の問いに答えなさい。

□ ❶ この部屋の空気の露点は何℃か。　　　　　　（　　　　　　　℃）

□ ❷ この部屋の空気は1m³に何gの水蒸気をふくんでいるか。
　　　　　　　　　　　　　　　　　　（　　　　　　　g）

□ ❸ この部屋の空気は，1m³に最大で何gの水蒸気をふくむことができるか。　（　　　　　g）

□ ❹ この部屋の空気の湿度は何％か。小数第1位まで求めなさい。　（　　　　　％）

□ ❺ コップの表面にくもりが生じた理由を簡単に説明しなさい。
　　（　　　　　　　　　　　　　　　　　　　　　）

温度〔℃〕	飽和水蒸気量〔g/m³〕
0	4.8
5	6.8
10	9.4
15	12.8
20	17.3
25	23.1
30	30.4
35	39.6

【 飽和水蒸気量 】

❻ 図を見て，次の問いに答えなさい。

□ ❶ 空気1m³中にふくむことのできる水蒸気量の最大値を何というか。　（　　　　　　　）

□ ❷ 温度が30℃で，湿度が70％の空気は，1m³あたり何gの水蒸気をふくんでいるか。　（　　　　　g）

□ ❸ 空気A～Cのうち，湿度がもっとも低い空気はどれか。
　　　　　　　　　　　　　　　　　　　　　（　　　　　）

□ ❹ 空気の温度を下げていくとき，もっとも高い温度で水滴ができはじめるのはA～Cのどれか。また，それは何℃か。　記号（　　　　　）　温度（　　　　　℃）

□ ❺ 1m³の空気Cの温度を10℃に下げたとき，何gの水滴ができるか。　（　　　　　g）

グラフの読みとりがきちんとできているかな。

………………………………………………………………………………………………………

💡｜ヒント　❺❸表より読みとる。

❌｜ミスに注意　❻❸水蒸気量が多い＝湿度が高いではないことに注意する。

Step 1 | **基本チェック** | **天気の変化(2)**

10分

■ 赤シートを使って答えよう!

❹ 風がふくしくみ

☐ 気圧が等しいところをなめらかな曲線で結んだものを［ 等圧線 ］という。
また，気圧の分布のようすを［ 気圧配置 ］という。

☐ 等圧線が閉じていて，まわりより気圧が高くなっているところを
［ 高気圧 ］，気圧が低くなっているところを［ 低気圧 ］という。

☐ 等圧線や気圧配置，各地の天気や風などの記録を地図上に記入したもの
を［ 天気図 ］という。

❺ 大気の動きによる天気の変化

☐ 性質が一様で大規模な大気のかたまりを
［ 気団 ］という。

☐ 冷たい気団とあたたかい気団が接する境界面
を［ 前線面 ］，その境界面と地面が交わる線
を［ 前線 ］という。

☐ 前線があまり動かず，ほとんど同じ場所に停
滞する前線を［ 停滞前線 ］という。

☐ 中緯度で発生する低気圧を温帯低気圧という。
温帯低気圧は西側に［ 寒冷前線 ］，東側に
［ 温暖前線 ］をともなう。また，寒冷前線
が温暖前線に追いついてできる前線を
［ 閉塞前線 ］という。

☐ 寒冷前線が通過すると，［ 短い ］時間に強い
雨が降る。風向は北よりに変わり，気温は
［ 下がる ］。

☐ 前線面と前線

記号	名前
● ● ●	［ 温暖前線 ］
▼ ▼ ▼	［ 寒冷前線 ］
● ▲ ● ▲	［ 停滞前線 ］
● ● ▲ ●	［ 閉塞前線 ］

☐ 前線の記号

❻ 地球規模での大気の動き

☐ 日本付近の低気圧や移動性高気圧は，日本上空にふく［ 偏西風 ］の影響で，
［ 西 ］から［ 東 ］へ移動している。

 前線が通過したときの天気や気温の変化はよく出る。

Step 2 予想問題 ● **天気の変化(2)**

20分
（1ページ10分）

【 気圧の差と風 】

❶ 図は，ある日の日本付近の天気図である。これを見て，次の問いに答えなさい。

□ ❶ Ｐ地域とＱ地域とでは，どちらが風が強くふいているか。　（　　　　地域）

□ ❷ Ｐ地域とＱ地域での空気の動きは，それぞれどのようになっているか。次の⑦～②から１つずつ選び，記号で答えなさい。

　　Ｐ地域（　　　）　　Ｑ地域（　　　）

□ ❸ Ｐ地域とＱ地域では，どちらが高気圧の中心か。　（　　　　地域）

□ ❹ 晴れているとすれば，Ｐ地域とＱ地域のどちらか。　（　　　　地域）

□ ❺ ⓐの等圧線は何hPaか。　（　　　　　）

【 気団と前線 】

❷ 図は，低気圧にともなう前線のようすである。これについて，次の問いに答えなさい。

□ ❶ 図のＡ，Ｂの前線をそれぞれ何というか。

　　Ａ（　　　　　）　　Ｂ（　　　　　）

□ ❷ 暖気は⑦，④のどちらか。　（　　　）

□ ❸ Ａの前線がＢの前線に追いついたときにできる前線を何というか。　（　　　　　）

□ ❹ 寒気と暖気の勢力が同じくらいのとき，前線はあまり動かない。このような前線を何というか。　（　　　　　）

○○

ヒント ❶❹低気圧の付近は上昇気流ができるため，雲が発生しやすい。

ミスに注意 ❶❺太い等圧線から計算する。足すのか引くのかを，まちがえないようにしよう。

　[解答 ▶ p.13]

【 前線と天気　地球規模での大気の動き 】

❸ 図は，ある日の8時から20時までの，気温と気圧の変化を調査してグラフにまとめたものである。次の問いに答えなさい。

□ ❶ グラフから，ある前線が観測地点を通過したことがわかる。この前線を何というか。

□ ❷ ❶のように判断した理由を2つ，簡単に書きなさい。

□ ❸ ❶の前線を東西に切った断面図は，どのようになっているか。㋐〜㋓から選び，記号で答えなさい。

□ ❹ ❶の前線について

① この前線付近で発達する雲はどれか。㋐〜㋓から1つ選び，記号で答えなさい。

㋐ 高層雲（こうそううん）　㋑ 積乱雲（せきらんうん）　㋒ 巻雲（けんうん）　㋓ 乱層雲（らんそううん）

② ❶の前線が通過したときの雨の降（ふ）る時間と降り方について，簡単に書きなさい。

□ ❺ 図のように気温や気圧，天気が変化したのは，低気圧が観測地点を通過したためである。

① 低気圧はどの方角からどの方角へ移動するものが多いか。㋐〜㋓から選び，記号で答えなさい。

㋐ 東から西　　㋑ 西から東　　㋒ 北から南　　㋓ 南から北

② ①と同じ動きをする高気圧を何というか。

③ このように，低気圧や高気圧が移動するのは，日本の上空に1年中，強い風がふいているからである。この風を何というか。

「乱」の字がつく雲は，雨や雪を降らせるよ。

・・・

💡ヒント　❸❸前線面の傾（かたむ）きが急である。

❌ミスに注意　❸❹雨の降る時間と降り方という2つを書くこと。

Step 1 基本チェック 日本の気象 自然の恵みと気象災害

10分

■ **赤シートを使って答えよう！**

あたためられた空気は，密度（みつど）が小さくなって上昇するよ。

❶ 陸と海の間の大気の動き

□ 海は，陸よりもあたたまりにくく，冷めにくい。晴れた日の昼には，陸上のほうが気温が高くなり，陸上に [上昇] 気流ができ，気圧が低くなる。その結果，気圧の高い海から陸に向かって [海風] がふくことがある。

□ 晴れた日の夜の海岸付近では，陸上のほうが気温が低くなり，日中とは逆に陸から海に向かって [陸風] がふくことがある。

□ 日本では，冬に北西の，夏に南東の [季節風] がふく。

❷ 日本の四季の天気

□ 冬になると，大陸には冷たく乾燥した [シベリア] 気団が発達し，[西高東低（型）] の冬型の気圧配置となる。

□ 春や秋には，偏西風の影響で，低気圧と [移動性高気圧] が交互に通過し，天気が周期的に変化する。

□ 6月や9月ごろは，冷たい [オホーツク海] 気団と，あたたかい [小笠原] 気団が接して，停滞前線の [梅雨] 前線や秋雨前線ができる。

[オホーツク海] 気団
[シベリア] 気団
[小笠原] 気団

□ **日本付近で発達する気団**

□ 夏には，[小笠原] 気団が発達して日本をおおう。あたたかく湿った南東の季節風がふき，蒸し暑い日が続く。

□ 熱帯地方の海上で発生した [熱帯低気圧] は，発達して台風となる。台風の等圧線はほぼ同心円状で [前線] をともなわない。

❸ 天気の変化がもたらす恵みと災害

□ 豊富な水を，農業や工業，発電などに利用している。

□ 冬の大雪やなだれ，豪雨による災害や熱中症などのほかに，[積乱雲] の急速な発達によって，短時間に局地的大雨を生じて被害をおよぼしたりする。

 テストに出る 海風と陸風や季節によってふく風，気圧配置の特徴は覚えておこう。

Step 2 予想問題 ● 日本の気象
● 自然の恵みと気象災害

30分
（1ページ10分）

【 陸風・海風 】

**❶ 図は，よく晴れた夏の日の海岸地方における昼の風の
ふき方を説明するための模式図である。**

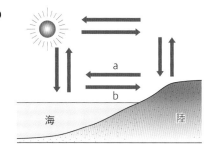

□ ❶ このとき，陸と海とではどちらが温度が高くなるか。

（　　　　　　　　）

□ ❷ 上昇気流が生じるのは，陸と海のどちら側か。

（　　　　　　　　）

□ ❸ このときの地表付近の風の向きは，図のa，bのどちらか。 （　　　　　　　　）

□ ❹ ❸の風を何というか。 （　　　　　　　　）

□ ❺ 夜間は，図のa，bのどちら向きに風がふくか。 （　　　　　　　　）

【 日本付近の気団 】

❷ 図は，日本付近の気団を示している。

□ ❶ 冬の天気に影響を与える気団は，A～Cのどれか。

（　　　　　　　　）

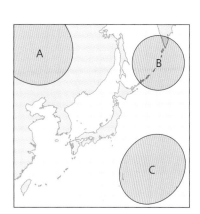

□ ❷ ❶の気団は何というか。 （　　　　　　　　）

□ ❸ 春や秋に，大陸の高気圧から離れて日本付近を通る高気
圧を何というか。

（　　　　　　　　）

□ ❹ ❸の高気圧におおわれると，次の⑦～⑤のどの天気にな
るか。

⑦ 蒸し暑い晴天が続く。

④ さわやかな晴天になるが，夜間は冷えこむ。

⑤ 日本海側に雪をもたらす。

⑤ 雨の日のぐずついた天気が続く。

□ ❺ 秋の気象について，次の文の　　　にあてはまる言葉を入れなさい。

秋には　①　　　　　気団がおとろえると，　②　　　　
前線による秋雨が降るようになる。その後，❸の高気圧と

　③　　　　　が交互に通過するようになるため，天気は周期的に

変化する。

日本の季節は，気団と
大きな関係があるよ。

· ·

💡**ヒント** ❶❶陸はあたたまりやすく冷めやすい。海はあたたまりにくく，冷めにくい。

❌**ミスに注意** ❷❸気団と高気圧の名前をまちがえないようにしよう。

【 冬の天気 】

❸ 図は，冬の季節風がふくようすを模式的に表したものである。

□ **❶** シベリア気団の特徴を，次の㋐〜㋔から選び，記号で答えなさい。　（　　　）

㋐ あたたかく乾燥している。

㋑ 冷たく乾燥している。

㋒ あたたかく湿っている。

㋓ 冷たく湿っている。

□ **❷** ❶のような性質をもつ気団が，日本海を渡るときに性質が変わる。日本海を渡るときにどのようなことが起こるか。簡単に書きなさい。

（　　　　　　　　　　　　　　　　　　　　　　　　）

□ **❸** a，bの地域の天気はどのようになるか，それぞれ簡単に書きなさい。

a（　　　　　　　　　　　　　　　　　　　　　　）

b（　　　　　　　　　　　　　　　　　　　　　　）

□ **❹** 冬の気圧配置は，右の㋐，㋑のどちらか。

□ **❺** ❹のような気圧配置を何の気圧配置というか。

（　　　　　　　）の気圧配置

【 ６月ごろの天気 】

❹ 図は６月の天気図である。

□ **❶** この天気図は何という時期に見られるか。　（　　　　　　　）

□ **❷** 図のAの前線を何というか。　（　　　　　　　）

□ **❸** BとCの高気圧をふくむ，それぞれの気団の性質をそれぞれ答えなさい。

B（　　　　　　　　　　　　　　　）

C（　　　　　　　　　　　　　　　）

□ **❹** この時期，どのような天気の日が多くなるか。

（　　　　　　　　　　　　　　　　　　　　）

・・・

ヒント ❸❶シベリア気団は北の大陸で発達する気団である。

【 台風 】

❺ 台風について，次の問いに答えなさい。

□ ❶ 台風には前線があるか。　　　　　（　　　　　　　）

□ ❷ 台風のとき，その中心に向かって大量の空気が流れこむので，強い風
　　　がふく。ここに流れこむ風はどのような気流になるか。

□ ❸ 台風のとき，何という雲が発生するか。　　（　　　　　　　）

□ ❹ 台風はどこで発生するか。　　　　（　　　　　　　）

□ ❺ 日本付近を通る台風の多くは，いつごろ発生するか。次の⑦〜⑨から1
　　　つ選び，記号で答えなさい。
　　　⑦ 冬から初夏　　　⑦ 夏から秋　　　⑨ 秋から冬

□ ❻ 台風は，発生後最初は北西に向かって進み，その後，北東に進路を変え
　　　ることが多い。これは，ある高気圧のふちに沿って進むからである。こ
　　　の高気圧は何高気圧か。　　　　（　　　　　　　）高気圧

□ ❼ 台風による被害を，2つ書きなさい。
　　　（　　　　　）（　　　　　）

台風は，熱帯低気圧のうち，最大風速が17.2 m/s以上に発達したものをいうよ。

【 日本の四季 】

❻ 次の4つの天気図は，日本付近の代表的な気圧配置を表したものである。これを見て，後の問いに答えなさい。

□ ❶ A〜Dの天気図は，次のどの時期のものか。A〜Dの記号で答えなさい。
　　　① 春と秋（　　　）　　② 夏（　　　）
　　　③ つゆ（梅雨）や秋雨（　　　）　　④ 冬（　　　）

□ ❷ 図Aの前線ができるのに関係する2つの気団は何か。
　　　（　　　　　）（　　　　　）

□ ❸ 図Cの高気圧は何というか。　　（　　　　　　　）

Step 3 予想テスト

気象とその変化

30分 　　/100点

目標 70点

❶ 図は，温度と水蒸気量の関係を表したものである。次の問いに答えなさい。ただし，現在の空気 1 m³には12.8 gの水蒸気がふくまれているものとする。技

□ ❶ 空気 1 m³にふくむことができる最大の水蒸気量を何というか。

□ ❷ 温度が25 ℃のときの湿度を求めなさい。ただし，小数第 1 位を四捨五入して整数で答えなさい。

□ ❸ 温度が25 ℃の現在の空気 1 m³は，さらに何 gの水蒸気をふくむことができるか。

□ ❹ 温度が25 ℃の現在の空気を冷やしていくと，何℃のとき露点に達するか。

□ ❺ ❹からさらに空気を 5 ℃まで冷やしたとき，空気 1 m³あたり何 gの水滴ができるか。

❷ 図は，ある日の天気図に見られた低気圧と前線である。次の問いに答えなさい。

□ ❶ 低気圧とはどのような所をいうか。

□ ❷ X，Yの前線をそれぞれ何というか。

□ ❸ 前線面にゆるやかな上昇気流が生じ，層状の雲ができるのは，X，Yの前線のどちらか。

□ ❹ 図のA～Cの各地点で，暖気におおわれているところを選び，記号で答えなさい。

□ ❺ B地点の風向として考えられるものを，次の⑦～⓪から選び，記号で答えなさい。
　　⑦ 南東　　⑦ 南西　　⑦ 北東　　⓪ 北西

□ ❻ 図の低気圧はおよそどの方位からどの方位に移動するか。次の⑦～⓪から選び，記号で答えなさい。
　　⑦ 西から東　　⑦ 東から西　　⑦ 北から南　　⓪ 南から北

❸ A～Cの図は，日本の各季節の天気図である。次の問いに答えなさい。

□ ❶ A〜Cのような天気図が見られる季節はいつごろか。次の⑦〜⊆から選び，記号で答えなさい。

⑦ 春や秋　　④ つゆ（梅雨）　　⑤ 夏　　⊆ 冬

□ ❷ A〜Cのような天気図のとき，日本付近ではどのような天気が続くか。次の⑦〜⊆から選び，記号で答えなさい。

⑦ 蒸し暑い日が続く。　　④ 雨やくもりの日が続くようになる。

⑤ 日本海側では雪になる。　　⊆ 天気が短い周期で変わる。

□ ❸ Bの天気図では，低気圧が東にあり，西に高気圧がある。この気圧配置を何というか。

□ ❹ Cの天気図で，日本付近に見られる前線を何というか。

❹ 図は，24時間ごとの連続した天気図である。次の問いに答えなさい。思

□ ❶ ⓐの天気図は，5月3日のものである。5月4日，5日，6日の順に天気図を並べなさい。

□ ❷ 低気圧は，どの方位からどの方位に移動しているか。

□ ❸ ⓑの天気図で，東経125°北緯35°付近にある高気圧について正しく説明しているものを次の⑦〜⑦からすべて選び，記号で答えなさい。

⑦ この高気圧は移動性である。　　④ 東から西に移動している。

⑤ 大規模な高気圧で，ほとんど動かない。　⊆ 発達すると前線をもつ。

⑦ この高気圧におおわれると，夜間に冷えこむことがある。

❶ 各5点	❶		❷	%	❸	g	❹	℃	❺	g
❷ 各4点	❶				❷ X		Y			
	❸		❹		❺		❻			
❸ 各4点	❶ A	B		C		❷ A		B	C	
	❸		❹							
❹ 各5点	❶ ⓐ→	→	→		❷	から		❸		

❶ ╱25点　❷ ╱28点　❸ ╱32点　❹ ╱15点

Step 1 基本チェック | 電流(1)

10分

■ 赤シートを使って答えよう！

❶ 電流が流れる道すじ

□ 電気の流れを [電流] といい，電流が流れる道すじを [回路] という。

□ 電流の向きは，乾電池などの [＋] 極から出て [－] 極へ入る向きと決められている。

□ 回路を図に表すときには [電気用図記号] が使われ，この記号を使って表した回路の図を [回路図] という。

□ 電流の流れる道すじが1本である回路を [直列] 回路という。

□ 電流の流れる道すじが枝分かれしている回路を [並列] 回路という。

□ **電気用図記号**

❷ 回路に流れる電流・電圧

□ 電流の単位は [アンペア]（記号A）である。また，1A＝ [1000] mAである。

□ 回路に流れる電流の大きさは [電流計] ではかる。

□ 電流を流そうとするはたらきの大きさを表す量を [電圧] という。単位は [ボルト]（記号V）である。

□ 回路の電圧は [電圧計] ではかる。

□ **回路に流れる電流と回路に加わる電圧**

 テストに出る 電気用図記号を使って，回路図をかく練習をしておこう。

Step 2 予想問題 電流(1)

30分
（1ページ10分）

【 回路と電流の向き 】

❶ 図のような回路をつくった。これについて，次の問いに答えなさい。

□ **❶** スイッチを切ると豆電球は点灯しなくなる。これはなぜか。

□ **❷** 図の回路を，右の□□□に回路図で表しなさい。

□ **❸** 豆電球をLED豆電球にかえた。このとき，LED豆電球を逆につなぐと点灯しなかった。このことから，電流についてどんなことがいえるか。

【 階段の照明の回路 】

❷ 階段の途中にある照明用の電球は，階段の上
□ のスイッチでも，下のスイッチでもつけたり消したりできる。このような階段の照明は，どのような回路になっていると考えられるか。導線をかき加えて，下の図を完成させなさい。

電流が流れる道すじが1つだと，スイッチを切ったら電球が消えるよね。

・・

✕ ミスに注意 ❶❷電気用図記号を使って表す。

💡 ヒント ❷切りかえ式のスイッチが使われている。

【 電流計の使い方 】

❸ 電流計の使い方について，次の問いに答えなさい。

□ ① 電流計のつなぎ方として正しいものを，次の⑦〜⑦から選び，記号で

答えなさい。　（　　　　）

⑦ 電流計だけで電源につなぐ。

④ 回路に直列につなぐ。

⑦ 回路に並列につなぐ。

□ ② 電流計の－端子には，50 mA，500 mA，5 Aの3種類がある。電流の

大きさが予想できないとき，どの端子にまずつなげばよいか。次の⑦

〜⑦から選び，記号で選びなさい。　（　　　　）

⑦ 50 mA　　④ 500 mA　　⑦ 5 A

□ ③ 図は，ある回路で，－端子を500 mAにして測定したと

きの目盛りのようすである。この回路に流れている電流

は何mAか。　（　　　　mA）

【 回路を流れる電流 】

❹ 2つの豆電球を使って，図1，図2のような回路をつくった。

次の問いに答えなさい。

図1

□ ① 図1，図2は，それぞれ何回路というか。

図1（　　　　）　図2（　　　　）

□ ② 図1で，点aの電流の大きさは0.5Aであった。点b，cの電

流の大きさはそれぞれ何Aか。

b（　　　　A）　c（　　　　A）

図2

□ ③ 図2で，点dを流れる電流の大きさが0.3A，点gを流れる電

流の大きさが0.1Aであった。このとき，点hを流れる電流の

大きさは何Aか。　（　　　　A）

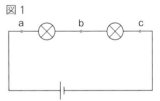

・・・

🔦 ヒント ❸②電流計がこわれるおそれがあるので，操作手順は覚えておく。

❌ ミスに注意 ❹③問いに「何Aか」とあるときはAで，「何mAか」とあるときはmAで答える。

[解答 ▶ p.18]

【 電圧計の使い方 】

❺ 図1の回路の各区間に加わる電圧を調べるために，電圧計をつないだ。これについて，次の問いに答えなさい。

図1

□ ❶ 電圧計を正しくつないだ回路図を，次の⑦～⑨から選び，記号で答えなさい。　（　　　）

□ ❷ 電圧計には，図2のように＋端子と－端子が3つある。はかろうとする電圧がよくわからないときには，－端子は，⑦～⑨のどこにつなぐとよいか。記号で答えなさい。　（　　　）

図2

□ ❸ 正しく電圧計をつないだところ，図3のようになった。このときの電圧は何Vか。図から読みとりなさい。　（　　　　V）

図3

【 回路に加わる電圧 】

❻ 2つの豆電球を使って，図1，図2のような回路をつくった。これについて，次の問いに答えなさい。

図1
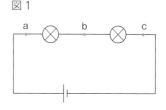

□ ❶ 図1で，ab間の電圧は8.0Vで，bc間の電圧の大きさは4.8Vであった。電源の電圧は何Vか。　（　　　　V）

□ ❷ 図2で，電源の電圧が4.0Vのとき，de間，fg間の電圧の大きさは，それぞれ何Vか。
de間（　　　V）　fg間（　　　V）

図2

• •

ヒント ❺❷⑦は300V，⑦は15V，⑨は3Vまではかれる端子である。

Step 1 基本チェック 電流(2)

⏱ 10分

■ 赤シートを使って答えよう！

❸ 電圧と電流の関係

☐ 抵抗器や電熱線を流れる電流は，それらに加える電圧に［ 比例 ］する。この関係を［ オームの法則 ］という。

☐ 電流の流れにくさを表す量を［ 電気抵抗（抵抗） ］といい，単位は［ オーム ］（記号Ω）で表す。

☐ 電気抵抗〔Ω〕 = $\dfrac{加えた［ 電圧 ］〔V〕}{流れた［ 電流 ］〔A〕}$

☐ 2個の抵抗器を直列につなぐと，回路全体の電気抵抗は，それぞれの電気抵抗の和になる。

$R = ［ R_1 ］ + ［ R_2 ］$

☐ 2個の抵抗器を並列につなぐと，回路全体の電気抵抗は，それぞれの電気抵抗より小さくなる。

$\dfrac{1}{R} = ［ \dfrac{1}{R_1} ］ + ［ \dfrac{1}{R_2} ］$

☐ 電気抵抗が小さく，電流を通しやすいものを［ 導体 ］という。一方，電気抵抗が大きく，電流がほとんど流れないものを［ 不導体（絶縁体） ］という。

電流を I〔A〕，電圧を V〔V〕，電気抵抗を R〔Ω〕とすると，

$$R = \dfrac{［ V ］}{［ I ］}$$

$$V = ［ RI ］$$

$$I = \dfrac{［ V ］}{［ R ］}$$

☐ **オームの法則**

抵抗器の直列つなぎ

抵抗器の並列つなぎ

☐ **回路全体の電気抵抗**

❹ 電流のはたらきを表す量

☐ 電流が光や熱，音などを発生したり，物体を動かしたりするはたらきは，［ 電力 ］という量で表す。単位は［ ワット ］（記号W）である。

電力〔W〕 = ［ 電圧 ］〔V〕 × ［ 電流 ］〔A〕

☐ 発生した熱量や消費した電気エネルギーの量は［ ジュール ］（記号J）で表す。1Wの電力で1秒間電流を流したときに発生する熱量が1Jである。

☐ 電気を使ったときに消費した電気エネルギーの量を［ 電力量 ］という。

電力量〔J〕 = 電力〔W〕 × 時間〔s〕

 電流の大きさ，電圧の大きさ，電気抵抗を計算で求められるようにしよう。

Step 2 予想問題 : **電流(2)**

【 電圧と電流の関係 】

❶ 抵抗器 a, b を電源装置につなぎ, 抵抗器に流れる電流と電圧の関係を調べたところ, 図のようなグラフになった。これについて, 次の問いに答えなさい。

□ ❶ 図から, 電流と電圧は, どのような関係があるといえるか。

□ ❷ ❶のような関係を何の法則というか。

□ ❸ 抵抗器 a と b で, 電気抵抗が大きいのはどちらか。記号で答えなさい。

❷ 電熱線 a, b を使って図1のような回路をつくり, 電流を流した。これについて, 次の問いに答えなさい。

□ ❶ 図2は電熱線 a にかかる電圧と電流の大きさの関係を示すグラフである。電熱線 a の電気抵抗は何Ωか。（　　Ω　）

□ ❷ 電熱線 a に流れる電流の大きさが0.4 A のとき, 電源装置の電圧は何 V か。（　　V　）

□ ❸ 電熱線 a, b を図3のA〜Dのように接続するとき, 回路全体の電気抵抗が小さいものから順に並べなさい。

□ ❹ 図3のBの回路で, 電源の電圧を12 V にしたとき, 電熱線 b に流れる電流は何mAか。（　　mA　）

□ ❺ 銅やニクロムなどは, 電流が流れやすい物質である。このような物質を何というか。

□ ❻ ❺に対して, ガラスやゴムなどの, 電気抵抗が非常に大きく, 電流が流れにくい物質を何というか。

ヒント ❶❸同じ電圧を加えたときに, 電流が流れにくいのはどちらかをグラフから読みとる。

【 3つの抵抗器でできた回路 】

❸ 図のように，3つの抵抗器をつないだ回路をつくった。抵抗器Aの電気抵抗は2Ωであり，電源の電圧を9Vにしたとき，抵抗器Aを流れる電流は1.5A，抵抗器Bを流れる電流は1.0Aであった。これについて，次の問いに答えなさい。

□ **❶** 抵抗器Aに加わっている電圧は何Vか。　　（　　　　　V）

□ **❷** 抵抗器Bに加わっている電圧は何Vか。　　（　　　　　V）

□ **❸** 抵抗器Cに流れている電流は何Aか。　　（　　　　　A）

□ **❹** 抵抗器Bと抵抗器Cの電気抵抗は，それぞれ何Ωか。

抵抗器B（　　　Ω）　　抵抗器C（　　　Ω）

□ **❺** 回路全体の電気抵抗は何Ωか。　　（　　　　　Ω）

□ **❻** 抵抗器Bと抵抗器Cを並列につないだ部分の電気抵抗は何Ωか。

（　　　　　Ω）

【 電熱線の発熱と電力量 】

❹ 4Ωと2Ωの電熱線を使って，200gの水の上昇温度を調べた。図はその装置を表し，表は測定の結果である。これについて，次の問いに答えなさい。ただし，実験Ⅰは4Ωの電熱線，実験Ⅱは2Ωの電熱線を使ったときの結果であり，実験では電源の電圧を12Vにした。

時間〔分〕	0	1	2	3
実験Ⅰ〔℃〕	20.0	22.3	25.2	27.5
実験Ⅱ〔℃〕	20.0	24.5	30.4	35.0

□ **❶** 実験ⅠとⅡにおける上昇温度のグラフを右にかき入れなさい。

□ **❷** 実験Ⅰにおける電流の大きさは何Aか。

（　　　　　A）

□ **❸** 発熱量は電力とどのような関係があるか。

（　　　　　）

□ **❹** 20Ωの電熱線を使って同じ実験を行うと，4分後の水の温度は何℃になると考えられるか。　（　　　　　℃）

❸❷ B，Cをまとめて1つの抵抗器と考えると，それはAと直列になっている。

❹❶ 誤差を考えて，直線をひく。折れ線グラフにしない。

Step 1 基本チェック　電流⑶

⏱ 10分

■ 赤シートを使って答えよう！

❺ 静電気

☐ 物体が電気を帯びることを ［ 帯電 ］ という。

☐ 物体にたまった電気を ［ 静電気 ］ という。

☐ 電気には，［ ＋ ］ と ［ － ］ の2種類があり，［ 異なる ］ 種類の電気の
間には引き合う力がはたらき，［ 同じ ］ 種類の電気の間には，しりぞけ
合う（反発し合う）力がはたらく。また，この力は離れていてもはたらく。

☐ 電気の間にはたらく力は，［ 電気力（電気の力） ］ という。

☐ 物質にたまった（静）電気が流れると，［ 電流 ］ になる。

❻ 電流の正体

☐ 電気が空間を移動したり，たまっていた電気が流れた
りする現象を ［ 放電 ］ といい，圧力の小さい気体の
中を電流が流れる現象を ［ 真空放電 ］ という。

☐ 電流のもとになるものは，［ － ］ 極から出て ［ ＋ ］
極へ向かう。これを ［ 陰極線（電子線） ］ という。

☐ この電流のもととなる非常に小さな粒子を ［ 電子 ］
という。

☐ 電子の動く向きと，電流の向きとは ［ 逆 ］ になる。

［ 陰極線（電子線） ］

［ 蛍光板 ］

Xのほうに曲がる。

☐ **電流のもととなるものを調べる実験**

❼ 放射線の発見とその利用

☐ ウランなどの ［ 放射線物質 ］ からは，目に見えない ［ 放射線 ］ が
出ている。

☐ ［ 放射線 ］ には，X 線，α 線，β 線，γ 線などの種類がある。

☐ 放射線には ［ 透過力 ］（物質を透過する力）がある。

テストに出る

静電気や陰極線（電子線）の実験から，電子の性質を問う問題が出る。

【 静電気の性質 】

❶ ストローAを乾（かわ）いたティッシュペーパーで摩擦（まさつ）し，図のように虫ピンで消しゴムの上に固定した。もう1本のストローBもよく乾いたティッシュペーパーで摩擦し，はじめのストローAに近づけた。これについて，次の問いに答えなさい。

□ ❶ 摩擦などによって，物体にたまった電気のことを何というか。

（　　　　　　　　　）

□ ❷ ストローBをストローAに近づけると，どうなるか。

（　　　　　　　　　）

□ ❸ ストローAが－の電気を帯びているとすると，❷の結果から考えてストローBは，どのような電気を帯びているか。　（　　　　　　　）

□ ❹ ティッシュペーパーは，どのような電気を帯びているか。

（　　　　　　　　　）

【 真空放電 】

❷ 図のような放電管（クルックス管）に電圧を加えると，スリットを通りぬけて蛍光板（けいこうばん）に明るい線が見られた。これについて，次の問いに答えなさい。

□ ❶ 放電管のAの電極は，＋極（プラス）と－極（マイナス）のうちどちらか。

（　　　　　　　）

□ ❷ 明るい線は，電極から目に見えない小さな粒子（りゅうし）が飛び出ていることによって起こる。この明るい線のもととなる粒子の流れを何というか。　（　　　　　　　　）

□ ❸ ❷の小さな粒子を何というか。　（　　　　　　　　）

□ ❹ 図のXの電極を＋，Yの電極を－にして電圧を加えたところ，明るい線は上向きに曲がった。このことから，❸の小さい粒子はどのような性質をもつといえるか。簡単（かんたん）に書きなさい。

（　　　　　　　　　　　　　　　　）

💡 ヒント ❷❹電気の性質を覚えておこう。

［解答 ▶ p.18］

【 陰極線（電子線）の性質 】

❸ 十字形の金属板を入れた放電管（クルックス管）の電極Ａ，Ｂに誘導コイルをつないで，数万Ｖの電圧を加えると，図のように十字形の影が現れた。これについて，次の問いに答えなさい。

電極Ａ

電極Ｂ

☐ ❶ 影が現れたことから，電極Ａから電極Ｂに向かう何かの流れがあることがわかる。このとき流れている粒子は何か。

（　　　　　　　　　）

☐ ❷ 電極Ａ，Ｂは，それぞれ誘導コイルの何極につながっているか。　　Ａ（　　　極　　　Ｂ　　　　　極）

☐ ❸ 電極Ａ，Ｂにつなぐ誘導コイルの極を反対にすると，十字形のかげはどうなるか。（　　　　　　　）

【 電流と電子の移動 】

❹ 図は，電熱線を流れる電流のようすを説明する模式図である。これについて，次の問いに答えなさい。

○は，－の電気をもっている。

☐ ❶ 図の⑦，⑦のうち，電子を表しているのはどちらか。（　　　）

☐ ❷ 電熱線の両端のＡＢ間に電圧を加えた。電流がＡからＢのほうへ流れているとき，電源の＋極はＡ，Ｂのどちら側か。（　　　　）

☐ ❸ ❷のように，ＡＢ間に電圧を加えると，⑦はどのような動きをするか。

（　　　　　　　　　　　　）

☐ ❹ 不導体（絶縁体）に電流が流れないのはなぜか。簡単に説明しなさい。

（　　　　　　　　　　　　）

【 放射線 】

❺ 放射線について，次の問いに答えなさい。

☐ ❶ 次の⑦～⑦のうち，放射線について述べたものとして正しいものを選び，記号で答えなさい。（　　　）

　　⑦ 直接，目に見える。　　⑦ 自然界には存在しない，人工物である。

　　⑦ α線，β線，γ線などの種類がある。

☐ ❷ 放射線を出す能力を何というか。（　　　　　　　）

☐ ❸ 放射線のある性質は，医療で腫瘍の発見や骨の異常などを調べるために利用されている。これは，どのような性質か。（物質を　　　　　　　　性質）

⭐ヒント ❹❸電子の移動の向きと電流の向きは反対である。

❌ミスに注意 ❺❷放射線と放射能をまちがえないようにしよう。

Step 1 基本チェック 電流と磁界(1)

10分

■ 赤シートを使って答えよう！

❶ 磁界

□ 磁石による力を ［ 磁力 ］ という。

□ 磁力がはたらく空間を ［ 磁界 ］ という。

□ 磁界の中の各点で，磁針のN極がさす向きを ［ 磁界の向き ］ という。

□ 磁界の向きや強さを表す曲線を ［ 磁力線 ］ という。

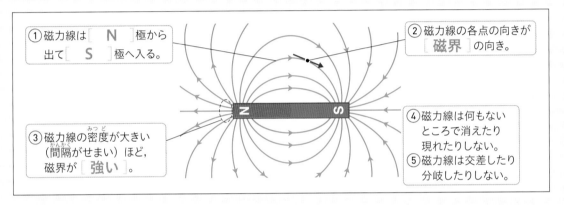

① 磁力線は ［ N ］ 極から
出て ［ S ］ 極へ入る。

② 磁力線の各点の向きが
［ 磁界 ］ の向き。

③ 磁力線の密度が大きい
（間隔がせまい）ほど，
磁界が ［ 強い ］ 。

④ 磁力線は何もない
ところで消えたり
現れたりしない。

⑤ 磁力線は交差したり
分岐したりしない。

□ 磁界のようす

□ まっすぐな導線を流れる電流がつくる磁界では，導線を中心とした
［ 同心円 ］ 状の磁界ができる。電流の向きを逆にすると，［ 磁界 ］ の向
きも逆になる。磁界の強さは，電流が ［ 大きい ］ ほど，また導線に
［ 近い ］ ほど，強くなる。

□ コイルに流れる電流がつくる磁界の向きは，［ 電流 ］ の向きで決まる。

導線を同じ向きに何回も巻いたものをコイルというよ。

□ 電流がつくる磁界

テストに出る 磁石や導線付近に置いた磁針の針がどちらを向くか，図にかけるようにしておこう。

Step 2 予想問題 ● 電流と磁界(1)

⏱ **20分**
（1ページ10分）

【 磁石のまわりのようす 】

❶ 棒磁石のまわりに磁針を置くと，その針は図1のようになった。これについて，次の問いに答えなさい。

図1

☐ ❶ 磁針の針が図1のようになるのは，針と棒磁石との間に力がはたらいたためである。この力を何というか。

(   )

☐ ❷ ❶の力がはたらいている空間を何というか。

(   )

☐ ❸ 棒磁石のまわりに置いた磁針のN極がさす向きを，その場所の何というか。　(   )

☐ ❹ 棒磁石のまわりに置いた磁針のN極がさす向きを順につないでいくと，図2のような線がかける。この線を何というか。

図2

☐ ❺ ❹の線の間隔と❷の強さとは，どんな関係があるか。簡単に書きなさい。

(   )

【 磁石のまわりの磁界 】

❷ 図1は，棒磁石のまわりの磁界のようすを表したものである。これについて，次の問いに答えなさい。

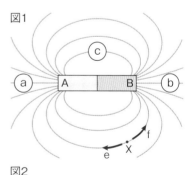
図1

☐ ❶ 図1のaの位置に磁針を置くと，図2の⑦のようになった。棒磁石のAは何極か。　(   )

☐ ❷ 図1のb，cの位置に磁針を置くと，磁針の向きは図2の⑦〜①のどの向きになるか。

b (   )　　c (   )

☐ ❸ 図1の点Xの位置での磁界の向きは，eとfのどちらの向きか。　(   )

図2
⑦ N極　イ　　ウ　　エ

💡 ヒント ❶❺棒磁石の両極では，クリップがついたが，真ん中にはつかなかったことを思い出そう。

✕ ミスに注意 ❷❸磁針のN極の向きに注意しよう。

【 電流のまわりの磁界 】

❸ 導線に電流を流すと，導線のまわりに磁界ができる。これについて，次の問いに答えなさい。

図1

☐❶ 図1の導線に垂直に置いた厚紙の上にできる磁界のようすを，図にかきこみなさい。

☐❷ 導線に電流を流すと，真下に置いた磁針が，図2のように振れた。電流は，㋐，㋑のどちら向きに流れていたか。　（　　　　　　）

☐❸ コイルに図3のように電流を流すと，点Aの磁界の向きは，図の左右どちらの向きになるか。　（　　　　　　）

☐❹ 図3の点Aの磁界を強くするには，どうすればよいか。その方法を1つ答えなさい。
（　　　　　　　　　　　　　　　　　　　　　　）

【 電流がつくる磁界 】

❹ 電流がつくる磁界について，次の問いに答えなさい。

☐❶ 図1のように，厚紙の上から下向きに電流を流した。

① 図の手前で真上から見たときのa〜cの磁針のようすは，図3の㋐〜㋓のどれか。

a（　　　）　　b（　　　）　　c（　　　）

② 導線に流す電流の向きを逆にすると，導線のまわりの磁界の向きはどうなるか。　（　　　　　　　　　）

☐❷ 図2のように，コイルに矢印の向きの電流を流した。

① 図の手前で真上から見たときのコイル内の磁針のようすは，図3の㋐〜㋓のどれか。　（　　　　　）

② コイルのA側は磁石の何極に相当するか。　（　　　　　）

・・・

❌ミスに注意 ❸❶なめらかな曲線で円をかく。

💡ヒント ❹❷右手ののばした親指の方向が磁界の向き，曲げた4本の指が電流の向き。

Step 1 基本チェック 電流と磁界(2)

10分

■ 赤シートを使って答えよう！

❷ 電流が磁界から受ける力

□ 磁界（じかい）の中に置いた導線に電流を流すと，磁界から力を受けて導線は動く。

① 電流を大きくすると，磁界から受ける力は［ 大きく ］なる。

② 電流の向きを逆にすると，磁界から受ける力の向きは［ 逆 ］になる。

③ 電流の向きを変えずに，磁界の向きを逆にすると，磁界から受ける力の向きは［ 逆 ］になる。

④ 力の向きは，電流と磁界の両方の向きに［ 垂直（すいちょく） ］である。

［ 電流 ］の流れる向き

［ 力 ］の向き

導線

［ 磁界 ］の向き

□ **電流が磁界から受ける力**

❸ 電磁誘導

□ コイルの中の磁界が変化すると，電圧が生じてコイルに電流が流れる。この現象を［ 電磁誘導（でんじゆうどう） ］といい，このときに流れる電流を［ 誘導電流（ゆうどうでんりゅう） ］という。

□ 誘導電流は，磁界の変化が［ 速い ］ほど，磁石の磁力が［ 強い ］ほど，コイルの巻数（まきすう）が［ 多い ］ほど，大きい。

□ 電流の向きが一定で変わらない電流を［ 直流（ちょくりゅう） ］という。

□ 電流の向きと大きさが周期的に変わる電流を［ 交流（こうりゅう） ］という。

□ 交流で，1秒間にくり返す電流の変化の回数を，その交流の［ 周波数（しゅうはすう） ］といい，単位には［ ヘルツ ］（記号Hz）を使う。

誘導電流

検流計

誘導電流

検流計

誘導電流

検流計

誘導電流

検流計

棒（ぼう）磁石をコイルに近づけたときと遠ざけたとき，また，N極とS極で，誘導電流の［ 向き ］が異（こと）なる。

□ **磁界の変化と誘導電流の向き**

 テストに出る　電流の向きや磁石（磁界）の向きなど，条件を変えたときの結果をまとめておこう。

Step 2 予想問題 ▸ **電流と磁界(2)**

20分
（1ページ10分）

【 電流が磁界（じかい）から受ける力 】

❶ 図1のような装置（そうち）を用いて、電流が磁界から受ける力を調べたところ、矢印の向きに力を受けた。これについて、次の問いに答えなさい。

図1

□ ❶ 電流の向きや磁界の向きを変えて、電流の受ける力の向きを調べる。図2の①〜③の場合、導線の動く向きは⑦、④のどちらか。それぞれ答えなさい。

① （　　　　）　　② （　　　　）　　③ （　　　　）

図2

□ ❷ 電流を大きくすると、電流が磁界から受ける力はどうなるか。

（　　　　　　　　　　　　　）

【 電流と磁界の間にはたらく力 】

❷ 図のような装置で、電源の電圧を6Vにして電流を流したところ、矢印の向きにコイルが動いた。これについて、次の問いに答えなさい。

□ ❶ コイルが動く向きを逆にするには、どうすればよいか、1つ書きなさい。

（　　　　　　　　　　　　　　　　　　）

□ ❷ 電源の電圧を変えないで、抵抗器（ていこうき）をAからBに変えると、コイルの動き方はどうなるか。理由もつけて答えなさい。

（　　　　　　　　　　　　　　　　　　　　）

□ ❸ ❷のとき、コイルを流れる電流は、何Aになるか。ただし、抵抗器以外の電気抵抗はないものとする。　（　　　A　）

・・

⊗ ミスに注意 ❶❷電流の向きと磁界の向きをよく見よう。

💡ヒント ❷❷電気抵抗が小さくなると、コイルに流れる電流は大きくなる。

［解答 ▸ p.20］

【 電磁誘導 】

❸ 図のように，コイルと検流計をつないで，磁石のN極をコイルに近づけたところ，検流計の指針が右に振れた。これについて，次の問いに答えなさい。

☐ ❶ 図のようにして，電流が生じる現象を何というか。

☐ ❷ 図のようにして流れた電流を何というか。

☐ ❸ 図の装置を使って，次の⑦〜⑤の操作を行った。検流計の指針が左に振れるものをすべて選びなさい。

☐ ❹ 磁石を固定してコイルを動かしても，電流は流れるか。

☐ ❺ 次のとき，流れる電流の大きさはそれぞれどうなるか。
　　① コイルの巻数を少なくする。
　　② 磁石の動きを速くする。

【 直流と交流 】

❹ 直流と交流について，オシロスコープで調べた結果，図1，2のようになった。これについて，次の問いに答えなさい。

☐ ❶ 交流は，図1，2のどちらか答えなさい。

☐ ❷ 交流の特徴を簡単に書きなさい。

・・・

🔑ヒント ❸❸磁石の向きと，磁石を動かす向きに注目しよう。

Step 3 予想テスト 電流とその利用

 30分 ／100点 目標 70点

❶ 図1のような電源装置，電熱線，電流計，電圧計，スイッチを使って回路をつくり，電熱線の両端に加える電圧を変化させ，電熱線に流れる電流を測定した。これについて，次の問いに答えなさい。技

図1

電圧計 電流計

電熱線A

□ ❶ この実験を行うには電源装置，電熱線，電流計，電圧計，スイッチをどのようにつなげばよいか。解答欄の図に導線をかき入れて，回路を完成させなさい。

□ ❷ ❶の回路図を，解答欄にかきなさい。

□ ❸ 電圧計の15Vの端子に接続したとき，電圧計の指針の振れは図2のようであった。電圧の大きさは何Vか。

図2

図3

500mA
50mA 5A

□ ❹ 図3の電流計で電流を測定するとき，回路に流れる電流の大きさが予想できない場合，電流計の−端子はどの端子を使えばよいか。

□ ❺ 図4のグラフは，2種類の電熱線についての測定結果をまとめたものである。電熱線A，Bで，6Vの電圧を加えたときに流れる電流の大きさはそれぞれ何mAか。

図4

□ ❻ 電熱線を流れる電流と電圧の関係はどのような関係だといえるか。また，このような関係を何の法則というか。

□ ❼ このグラフから，電熱線A，Bで，電流が流れにくいのはどちらか。

□ ❽ 電熱線Aの抵抗は何Ωか。

❷ 家庭で使われているオーブントースター（100V 1000W）と，電気ポット（100V 750W）について，次の問いに答えなさい。思

□ ❶ 1Vの電圧を加え1Aの電流を流したときの電力は何Wか。

□ ❷ 家庭のコンセントにはふつう100Vの電圧が加えられている。オーブントースターと電気ポットを家庭用のコンセントにつなぐと，それぞれ何Aの電流が流れるか。

□ ❸ オーブントースターが1秒間に生じる熱量は何Jか。

□ ❹ 消費電力が1000 Wの電気ポットを使用して，同温，同量の水を同じ温度まで加熱するとき，加熱時間は750 Wの電気ポットと比べてどのようになるか。適当なものを次の⑦〜㊤から選び，記号で答えなさい。

⑦ 消費する電力量は同じで，加熱時間は短くなる。

④ 消費する電力量は同じで，加熱時間は長くなる。

⑦ 消費する電力量は大きく，加熱時間は短くなる。

㊤ 消費する電力量は大きく，加熱時間は長くなる。

❸ コイルや導線のまわりに置いた磁針のようすについて，次の⑦〜㊤
□ の中から誤りのあるものを1つ選びなさい。技

❹ 図のような放電管（クルックス管）の左右の電極に高い
電圧を加え，放電した。これについて，次の問いに答え
なさい。思

□ ❶ 電極 a，b は，それぞれ＋極と－極のどちらか。

□ ❷ 電極 c を＋極，電極 d を－極にして電圧を加えると，陰極線
（電子線）はどのように変
化するか。右の⑦〜㊤から
選びなさい。

□ ❸ ❷の変化から，陰極線についてどのようなことがいえるか。

テスト前 ☑ やることチェック表

① まずはテストの目標をたてよう。頑張ったら達成できそうなちょっと上のレベルを目指そう。
② 次にやることを書こう（「ズバリ英語〇ページ，数学〇ページ」など）。
③ やり終えたら□に✔を入れよう。
　最初に完ぺきな計画をたてる必要はなく，まずは数日分の計画をつくって，
　その後追加・修正していっても良いね。

目標

	日付	やること1	やること2
2週間前	／	☐	☐
	／	☐	☐
	／	☐	☐
	／	☐	☐
	／	☐	☐
	／	☐	☐
	／	☐	☐
1週間前	／	☐	☐
	／	☐	☐
	／	☐	☐
	／	☐	☐
	／	☐	☐
	／	☐	☐
	／	☐	☐
テスト期間	／	☐	☐
	／	☐	☐
	／	☐	☐
	／	☐	☐
	／	☐	☐

キリトリ線

理科2年 全教科書版

QRコードのページに登録すると，「ぴたリンク」からも表をダウンロードできるよ

テスト前 ☑ やることチェック表

① まずはテストの目標をたてよう。頑張ったら達成できそうなちょっと上のレベルを目指そう。
② 次にやることを書こう（「ズバリ英語〇ページ，数学〇ページ」など）。
③ やり終えたら□に✔を入れよう。
　最初に完ぺきな計画をたてる必要はなく，まずは数日分の計画をつくって，
　その後追加・修正していっても良いね。

目標

	日付	やること1	やること2
2週間前	／	□	□
	／	□	□
	／	□	□
	／	□	□
	／	□	□
	／	□	□
	／	□	□
1週間前	／	□	□
	／	□	□
	／	□	□
	／	□	□
	／	□	□
	／	□	□
	／	□	□
テスト期間	／	□	□
	／	□	□
	／	□	□
	／	□	□
	／	□	□

全教科書版 理科 2 年　｜　定期テスト ズバリよくでる　｜　**解答集**

化学変化と原子・分子

p.3-4　**Step ❷**

❶ ① もともと装置内にあった空気が出てくるため。

② 白くにごる。

③ 二酸化炭素

④ 赤（桃）色

⑤ 水

⑥ 生じた水が試験管の底に流れないようにするため。

⑦ （濃い）赤色になる。

⑧ 炭酸ナトリウム

⑨ 水の逆流を防ぐため。

⑩ ① 分解　② 熱分解

❷ ① 電流を流れやすくするため。

② 電極A **酸素**　電極B **水素**

③ 1 ： 2

❸ ❶ ① B　② C　③ A

② ⑦, ⑤

考え方

❶ ① 試験管などの中には，もともと空気が入っている。発生した気体が何かを調べるためには，発生した気体だけを集める必要がある。

② ③ 石灰水は，気体が二酸化炭素かどうかを確認するときに使う。石灰水に二酸化炭素を通すと，炭酸カルシウムという水にとけにくい物質ができるため，石灰水は白くにごる。

④ ⑤ 乾いた塩化コバルト紙は青色で，水にふれると赤（桃）色になる。

⑥ 生成した水が試験管の加熱部分に流れると，試験管が急冷されることにより，割れるおそれがある。

⑧ ⑨ 試験管Aに残った白い粉末は，炭酸水素ナトリウムが（熱）分解してできた炭酸ナトリウムである。炭酸ナトリウムと炭酸水素ナトリウムでは，炭酸ナトリウムのほうが水にとけやすい。炭酸ナトリウムと炭酸水素ナトリウムをとかした水溶液は，ともにアルカリ性であるから，フェノールフタレイン（溶）液を加えると，赤色に変化する。ただし，炭酸ナトリウム水溶液のほうがアルカリ性が強いので，炭酸水素ナトリウム水溶液より濃い赤色を示す。

⑩ 火を消すと，試験管Aが冷えて圧力が減り，ガラス管をぬいておかないと，水が試験管に逆流してくる。

❷ ① 純粋な水には電流は流れにくい。

② ③ 水に電流を流すと，酸素と水素に分解される。電流を流すことによって物質を分解することを電気分解という。陽極側には酸素，陰極側には水素が発生する。なお，発生した気体の体積は，水素は酸素の 2 倍である。

❸ ① 原子の性質は，次の 3 つ。

> ① 原子は化学変化で，それ以上分けることができない。
> ② 原子は，化学変化で新しくできたり，種類が変わったり，なくなったりしない。
> ③ 原子は，種類によって，その質量や大きさが決まっている。

状態変化とは，物質が固体，液体，気体の間で状態を変える変化のことで，水が水蒸気になっても，水分子がばらばらになるだけで，水分子そのものは変化しない。しかし，水を電気分解すると，水は酸素と水素という別の物質に変化している。この変化は化学変化である。

❷ 銀や銅，鉄などの金属や炭素などは，１種類の原子がたくさん集まっているだけで，分子というまとまりはつくらない。また，塩化ナトリウムも，ナトリウム原子と塩素原子が分子というまとまりをつくらず，交互に規則的に並んでいる。

p.6-7　Step ❷

❶ ① H　② O　③ N　④ C
　⑤ **塩素**　⑥ **ナトリウム**　⑦ Mg　⑧ Cu
　⑨ **銀**　⑩ S　⑪ Ca　⑫ Fe

❷ ❶㋐ Ag　㋑ Fe　㋒ C　㋓ S
　❷㋐ NaCl　㋑ MgO　㋒ CuO

❸ ❶ １種類
　❷① CO_2　② Au　③ Zn　④ H_2
　⑤ NaCl　⑥ CuO
　❸ 単体②，③，④　化合物①，⑤，⑥

❹ ❶〔例〕

　❷ $2H_2O \longrightarrow 2H_2 + O_2$

❺ ❶ $2Cu + O_2 \longrightarrow 2CuO$
　❷ $2Ag_2O \longrightarrow 4Ag + O_2$

❻ ❶㋐　❷㋑　❸㋐　❹○

考え方

❶ 元素は，アルファベットの１文字または２文字の元素記号で表される。問題でとり上げたもの以外にも，アルミニウム：Al，亜鉛（あえん）：Zn，バリウム：Ba，金：Auなども覚えておくこと。

❷ ❶ 銀，鉄，炭素，硫黄（いおう）などは，分子（ぶんし）というまとまりをもたず，１種類の原子がたくさん集まってできている物質である。このような物質は，その元素記号を使って表す。
　❷ 分子からできていない物質のうち，２種類以上の原子からできているものは，その原子の数の比を使って表す。

❸ まず，物質の化学式をしっかり覚えること。化学式で，アルファベットの大文字が１つなら単体，大文字が２つ以上なら化合物である。

❹ 水分子は，水素原子と酸素原子に分かれ，それぞれ２個ずつ結びついて，水素分子，酸素分子になる。

❺ 化学反応式は，次の手順で完成させる。①：反応前の物質→反応後の物質のように，何から何ができたのかを書く。②：①で書いたそれぞれの物質を化学式で表す。③：化学変化の前後（式の左辺と右辺）で，原子の種類と数が等しくなるようにする。

　❶ 銅を加熱すると，酸素と結びつく。
　　①：銅　＋　酸素　⟶　酸化銅
　　②：$Cu + O_2 \longrightarrow CuO$
　　③：$2Cu + O_2 \longrightarrow 2CuO$

　❷ 酸化銀の熱分解
　　①：酸化銀　⟶　銀　＋　酸素
　　②：$Ag_2O \longrightarrow Ag + O_2$
　　③：$2Ag_2O \longrightarrow 4Ag + O_2$

❻ ❶ 水素の化学式はH_2，酸素の化学式はO_2。
　❷ 式の左右で，酸素原子の数がちがっている。
　❸ 銀は分子をつくらないので，4Agとなる。

p.9-11　Step ❷

❶ ❶ 硫化鉄
　❷ 試験管A
　❸ 試験管A **硫化水素**　試験管B **水素**
　❹① **硫化鉄**　② **硫黄**　③ **混合物**
　　④ **硫化水素**　⑤ **水素**
　❺ $Fe + S \longrightarrow FeS$

❷ ㋐ CuO　㋑ O_2　㋒ Cu　㋓ Cu　㋔ O_2　㋕ $2CuO$
　㋖ 1　㋗ MgO　㋘ Mg　㋙ 2MgO

❸ ❶ **白くにごった。**
　❷ **空気（酸素）を試験管に吸いこんでしまわないようにするため。**
　❸① 酸素　② 銅　③ 二酸化炭素
　　④ 還元　⑤ 酸化

❹ ❶ 図1 ㋐　図2 ㋑
　❷ 図1 **発熱反応**　図2 **吸熱反応**

考え方

❶ ❷ 卵の腐ったようなにおいのある気体は，硫化水素(かすいそ)である。有毒(ゆうどく)な気体なので，吸(す)いこまないように注意する。

❸ 試験管Aでは，鉄と硫黄が反応して硫化鉄(いおう)ができている。硫化鉄に塩酸を加えると硫化水素が発生する。また，試験管Bには鉄がふくまれているので，塩酸を加えると水素が発生する。なお，硫黄は塩酸と反応しない。

❹ 磁石につくのは鉄である。鉄の化合物は磁石(じしゃく)につかない。試験管Aでは，鉄は硫黄と結びついて硫化鉄になっている。また，試験管Bでは鉄がそのまま残っている。したがって，フェライト磁石についたのは，試験管Bの中にある鉄である。

❷ 銅やマグネシウムなどの金属は，同じ原子が多数集まってできているので，化学式は元素記号だけで示す。酸素のような気体の物質には分子(ぶんし)をつくるものが多い。酸化銅や酸化マグネシウムのような金属と酸素との固体の化合物では，原子が一定の比で結びついている。

Ⓐ①：反応前の物質→反応後の物質

　　　銅　＋　酸素　⟶　酸化銅

②：①で書いたそれぞれの物質を化学式で表す。

　　　Cu　＋　O_2　⟶　CuO

③：化学変化の前後（式の左辺と右辺）で，原子の種類と数が等しくなるようにする。

　　　$2Cu$　＋　O_2　⟶　$2CuO$

Ⓑ①：反応前の物質→反応後の物質

　　マグネシウム　＋　酸素

　　　　　　⟶　酸化マグネシウム

②：①で書いたそれぞれの物質を化学式で表す。

　　　Mg　＋　O_2　⟶　MgO

③：化学変化の前後（式の左辺と右辺）で，原子の種類と数が等しくなるようにする。

　　　$2Mg$　＋　O_2　⟶　$2MgO$

❸ ❶ ❸ 活性炭（炭素）は，銅よりも酸素と結びつきやすいため，酸化銅と活性炭の混合物を加熱すると，酸化銅から酸素が奪(うば)われて（還元(かんげん)されて）銅になる。また，炭素が酸素と結びついて（酸化されて）二酸化炭素になり，これが石灰水を白くにごらせる。このように，還元と酸化は同時に起こる。

❷ 加熱をやめると，試験管の中の空気が冷えて圧力が下がり，外から空気が入る。このとき，熱くなった銅が再び空気中の酸素と結びついて酸化銅にもどってしまう。銅がさめるまで，目玉クリップなどで外から空気が入らないようにしなければならない。

❹ 図1は，化学かいろのしくみである。鉄粉が，空気中の酸素と結びついて発熱する。このように，化学変化のときに熱を発生したために，まわりの温度が上がる反応を発熱反応という。鉄と硫黄の混合物を加熱したとき，加熱をやめても反応が続く。これは，鉄と硫黄が結びつくときに熱が発生し，この熱によって化学反応が進むからである。図2は，簡易冷却(れいきゃく)パックのしくみである。ほかにも，塩化アンモニウムと水酸化バリウムを混ぜると，アンモニアが発生して温度が下がる。このように，化学変化のときに周囲の熱を吸収したためにまわりの温度が下がる反応を吸熱反応という。

p.13-15 **Step ❷**

❶ ❶ 二酸化炭素

　❷ ㋑

　❸ ㋑

❷ ❶ 0.2 g

　❷ 2.0 g

　❸ ㋓

　❹ 3：2

　❺ 4：1

　❻ 4：1

　❼ 3：8：2

3

❸ ❶ マグネシウム：MgO　銅：CuO

❷ 1.0 g

❸ 0.8 g

❹ ❶ ⑦

❷ 銅原子

考え方

❶ 密閉容器では物質の出入りがないので，容器内で化学変化が起きても，できた物質は容器外に出ない。一方，容器のふたを開けると，物質は自由に出入りする。

❶ うすい塩酸と炭酸水素ナトリウムが反応すると，塩化ナトリウムと水，二酸化炭素が生じる。

❷ 二酸化炭素が発生して容器内の圧力は大きくなるが，容器内で反応は起こっているので，物質の出入りはなく，質量は変わらない。

❸ 容器内の圧力が容器外より大きいので，ふたをゆるめると容器内の気体が容器外へ出ていく。

❷ 銅やマグネシウムが酸素と結びついて，酸化銅や酸化マグネシウムになるとき，結びついた酸素の分だけ質量が増加する。

❶ グラフより，銅が0.8 gのとき，結びつく酸素の質量は0.2 gである。

❷ グラフより，マグネシウムが1.2 gのとき，結びつく酸素の質量は0.8 gだから，酸化マグネシウムの質量は，

1.2 g＋0.8 g＝2.0 g

❸❹ マグネシウムと酸素の原子数が等しいから，全体の質量の比が原子1個の質量の比と等しくなる。**❷**の値より，酸化マグネシウムMgO中の質量比は，

Mg原子1個の質量：O原子1個の質量
＝マグネシウムの質量：酸素の質量
＝1.2 g：0.8 g＝3：2

❺❻ **❶**の値より，酸化銅中の質量比は，Cu原子1個の質量：O原子1個の質量
＝銅の質量：酸素の質量
＝0.8 g：0.2 g＝4：1

❼ Mg原子1個の質量：O原子1個の質量
＝3：2
Cu原子1個の質量：O原子1個の質量
＝4：1＝8：2
よって，Mg原子1個の質量：Cu原子1個の質量：O原子1個の質量＝3：8：2

❸ ❶ マグネシウムや銅は，それぞれ酸素と原子の数が1：1の割合で結びついて，酸化マグネシウムMgO，酸化銅CuOになる。

❷ グラフより，0.6 gのマグネシウムからできる酸化マグネシウムの質量は1.0 gなので，結びついた酸素の質量は，

1.0 g－0.6 g＝0.4 g

したがって，結びつくマグネシウムの質量と酸素の質量の比は，

0.6：0.4＝3：2

求める酸素の質量をx〔g〕とすると，

1.5：x＝3：2より，x＝1.0 g

❸ グラフより，銅と結びつく酸素の質量の比は，

銅の質量：酸素の質量
＝0.8：(1.0－0.8)＝4：1

また，2.0 gの銅と結びついた酸素の質量は，

2.3 g－2.0 g＝0.3 g

0.3 gの酸素と結びついた銅の質量をy〔g〕とすると，

y：0.3＝4：1より，y＝1.2 g

したがって，酸素と結びついていない銅の質量は，

2.0 g－1.2 g＝0.8 g

❹ ❶ 加熱回数が3回目以上では，グラフが水平になっていて，加熱後の質量は増加していない。これは結びつく酸素に限度があることを示している。

❷ 増加した質量は，マグネシウムが約0.65 gで，銅の約0.25 gの2.6倍になる。結びついたO原子の数も2.6倍になるので，同じ1 g中に，Mg原子の数はCu原子の2.6倍存在する。Mg原子2.6個分：Cu原子1個分＝1 g：1 g。したがって，Cu原子は，Mg原子の約2.6倍重いことになる。

❶ ❶ 生じた水が試験管の底に流れないようにするため。

❷ 塩化コバルト紙

❸ 二酸化炭素

❹ 白くにごる。

❺ 炭酸ナトリウム

❻ （濃い）赤色

❷ ❶ 酸素分子

❷ Ⓝ Ⓝ

❸ Ⓞ Ⓒ Ⓞ

❹ Ⓗ Ⓞ Ⓗ

❺ ⒸⒸ ＋ Ⓞ Ⓞ → ⒸⓄ ⒸⓄ

❻ ⒸⓄ ＋ Ⓗ Ⓗ → Ⓒ ＋ ⒽⓄⒽ

❸ ❶ ア 鉄　イ 二酸化炭素

❷ 還元

❹ ❶ 反応が続く。

❷ 硫化鉄

❸ Fe＋S　⟶　FeS

❹ 試験管A **硫化水素**　試験管B **水素**

❺ ❶ 8分後

❷ 7.5 g

❸ 1.5 g

❹ 4：5

❺ 4：1

考え方

❶ ❶ 生じた水によって試験管の加熱部分が急に冷やされると，試験管が割れてしまうことがあるので，試験管の口を下げて加熱する。

❷ 塩化コバルト紙は，乾いていると青色だが，水にふれると赤（桃）色を示す。

❸ 炭酸水素ナトリウムは加熱すると，炭酸ナトリウム（固体）と二酸化炭素（気体）と水（液体）に（熱）分解する。

❹ 石灰水に二酸化炭素を通すと，水にとけにくい炭酸カルシウムができるため，石灰水は白くにごる。

❻ 炭酸ナトリウムは水にとけるとアルカリ性を示すので，（濃い）赤色になる。

❷ ❷ 化学式で表すと，水素分子H_2，酸素分子O_2，窒素分子N_2，二酸化炭素CO_2，酸化銅CuO，水H_2Oである。

❺ モデルにしたとき，$2Cu$とO_2のちがいに注意。$2Cu$は銅原子が2個あることを意味し，O_2は酸素原子が2個結びついて，1個の酸素分子を表している。

❸ 酸化鉄は還元されて鉄になる。また，炭素は酸化されて二酸化炭素になる。酸化と還元は同時に起こっていることに注意しておこう。

❹ ❶ 鉄と硫黄の混合物を加熱すると，熱と光を出して激しく反応する。

❷ 試験管Aでは，鉄と硫黄が結びついて硫化鉄ができる。

❸ 鉄Feと硫黄Sが結びついてできる硫化鉄FeSは，鉄の原子と硫黄の原子の数が1：1の割合で結びついてできるので，化学反応式は，Fe　＋　S　⟶　FeSと表すことができる。

❹ 試験管Aは，加熱したことによって，鉄と硫黄が結びついて硫化鉄ができた。硫化鉄にうすい塩酸を加えると，卵の腐ったようなにおいの気体が発生する。この気体は硫化水素である。一方，試験管Bは，鉄と硫黄の混合物なので，うすい塩酸を加えると，鉄と反応して水素が発生する。

❺ ❶ 質量の増加がない時点で酸化が完全に終わったと考えてよい。

❷ グラフより，銅2.0 gが酸化すると，酸化銅2.5 gができる。よって，銅6.0 gでは，その3倍の7.5 gの酸化銅ができる。

❸ （酸素の質量）＝（酸化銅の質量）−（銅の質量）より，

7.5 g−6.0 g＝1.5 g

❹❺ グラフより，銅2.0 gと酸素0.5 gが反応して，酸化銅2.5 gができたことがわかる。よって，

銅：酸素：酸化銅
＝2.0：0.5：2.5＝4：1：5

生物の体のつくりとはたらき

p.19-20 Step ❷

❶ ❶ 40倍

❷ 近くなる（短くなる）。

❸ 視野せまくなる。　明るさ暗くなる。

❷ ❶ タマネギB　ヒトE

❷ ㋐ 細胞質　㋑ 核　㋒ 葉緑体　㋓ 細胞膜
㋔ 細胞壁

❸ ㋒, ㋔

❹ 染色液酢酸カーミン（溶液）　記号㋑

❸ ❶ A細胞膜　B核　C葉緑体
D細胞壁　E液胞

❷ ① B　② D　③ E

❸ 植物

❹ C, D

❹ ❶ ㋑, ㋕, ㋖

❷ 単細胞生物

❸ 多細胞生物

❹ 器官

❺ 細胞呼吸（内呼吸）

考え方

❶ ❶ 顕微鏡の倍率＝接眼レンズの倍率×対物レンズの倍率　なので，600÷15＝40倍

❷ 対物レンズの長さは，倍率が大きいものほど長い。

❸ 倍率を大きくすると，観察物は大きく見えるが，見える範囲（視野）はせまくなる。また，レンズに入る光の量が少なくなるので，暗くなる。

❷ ❶ タマネギの表皮には，Cに見られるつくりやDに見られる緑色の粒（葉緑体）はない。

❸ 植物の細胞だけにあるものは，葉緑体，細胞壁（細胞膜のさらに外側のじょうぶな仕切り）である。

❹ 核は，酢酸オルセイン溶液や酢酸カーミン溶液で染まり，観察しやすくなる。
酢酸オルセイン溶液は核を赤紫色に，酢酸カーミン溶液は赤色に染める。

❸ ❷ ① 染色液で染まるのは核である。

② 細胞壁は，厚くしっかりした仕切りである。

③ 液胞は，細胞が古くなると不要な物質がたまって大きくなる。

❸ ❹ 動物の細胞には，細胞壁や葉緑体はない。また，成長した植物の細胞には，大きな液胞をもつものも多い。

❹ ❶～❸ タマネギ，アサリ，カエル，オオカナダモは，多くの細胞から体がつくられている。

❹ 形やはたらきが同じ細胞が集まってできたものを組織といい，この組織が集まって器官ができ，いくつかの器官が集まって個体が作られている。

❺ 生物が生きるために必要なエネルギーを，細胞内で酸素を使って（栄）養分を分解してとり出している。

---

p.22-23 Step ❷

❶ ❶ 葉緑体

❷ （葉緑体中の緑色の色素を）脱色するため。

❸ 青紫色

❹ A

❷ ❶ A変化なし。　B白くにごる。

❷ 二酸化炭素

❸ 対照実験

❸ ① ㋔　② ㋐

❹ ❶ 水

❷ ⓑ 二酸化炭素　ⓒ 酸素

❸ 光（日光（のエネルギー））

❺ ❶ A白くにごる。　B変化なし。

❷ 植物も呼吸して（二酸化炭素を出して）いる。

考え方

❶ ❷ 葉緑体には，葉緑素という緑色の色素がふくまれている。この色素は，水にはとけないが，エタノールにはよくとける。

❸ デンプンの有無は，ヨウ素溶液を使って調べる。デンプンがあると青紫色に変色する。

❹ Aは，葉緑体のある部分に日光が当たっているので，光合成によって，デンプンができている。Bは，ふの部分なので葉緑体がない。Cは，アルミニウムはくでおおったことによって日光が当たらない。

❷ ❶ 二酸化炭素の有無は，石灰水のにごりのちがいを調べるか，気体検知管を利用する。

❸ 対照実験では，比較のために，調べようとすることがら以外の条件をすべて同じにして行う。植物を入れない試験管を用意して実験を行うのは，石灰水が日光やその他の原因で変化するのではなく，植物のはたらきで変化することを調べるためである。

❸ この実験では，はじめに息をふきこんで，二酸化炭素の割合を大気中にふくまれる割合の0.04 ％より高くしている。また，気体検知管は，酸素用気体検知管と二酸化炭素用気体検知管がある。

❹ 光合成に必要な材料は，水と二酸化炭素であり，デンプンなどの（栄）養分と酸素がつくられる。デンプンは水にとけやすい物質に変わって植物の体全体に運ばれ，酸素は空気中に出て行く。二酸化炭素は，石灰水で検出できる。酸素は，発生した気体を集めて，火のついた線香を気体に近づけて，激しく燃えることによって検出できる。

❺ 空気だけを入れたペットボトルを用意したのは，対照実験のためである。

❷ 実験から，若い葉が二酸化炭素を出していることがわかるが，それは酸素をとり入れて呼吸しているからと推測できる。

p.25-26　Step ❷

❶ ❶ 記号⑰　名称道管

❷ 維管束

❸ ㋐ 主根　㋒ 側根

❷ ❶ 根㋓　茎㋑

❷ A道管　B師管

❸ B　❹ 維管束

❸ ❶ 細胞　❷ 葉緑体

❸ 葉脈　❹ ⓓ

❺ ⓐ 表皮　ⓕ 気孔　❻ B

❼ B側には，葉の裏側に多く見られる気孔があるから。

❹ ❶ ⑰　❷ 気孔

❸ 蒸散　❹ 昼間

考え方

❶ ❶ ㋐は表皮，㋑は師管，⑰は道管である。水にとけた食紅は，根から吸収されて，道管を通って，茎から葉へと移動する。

❷ 数本の道管と師管が集まって束をつくっている部分を維管束という。

❸ 根のつくりは，被子植物のうち，スズメノカタビラやイネ，ススキ，ユリなどでは，多数の細い根が広がったひげ根が見られ，タンポポやアブラナ，エンドウなどでは，主根と側根からなる根が見られる。

❷ ❶ ㋐と⑰は師管，㋑と㋓は道管である。道管は，直径が比較的大きいのが特徴である。

❷❸ 茎では，Aの道管が中心側，Bの師管が外側にある。葉では，表側に道管，裏側に師管がある。葉でつくられた（栄）養分は，師管を通って，植物の体の各部分に運ばれる。

❹ 維管束は，植物が生きていくために必要な物質を運ぶ。

❸ ❶ 葉の断面などに見られる小さな部屋のように仕切られたものを細胞という。生物の体は，すべて細胞からできている。

❷ 葉緑体では，光合成が行われる。

❸ 葉に見られる維管束のことを葉脈という。

❹ 葉でつくられた（栄）養分は，師管で運ばれ
る。師管は，葉では裏側（下方）に位置する。

❺ ⓐは表皮であり，葉の内部を保護している。
ⓕの気孔が見られる葉の裏側にも，細胞が
1層の表皮がある。

❻❼ 気孔が多く見られる部分が，葉の裏側
であると考えられる。

❹ Aのすきまは気孔で，酸素や二酸化炭素の出
入り口であり，水蒸気の出口である。Bは三
日月形の細胞で，孔辺細胞といわれる。孔辺
細胞内には葉緑体があり，図中の黒い粒で示
されている。気孔の開閉は，孔辺細胞のはた
らきによる。気孔は，ふつうは，昼間開き，
夜になると閉じる。

p.28-29 **Step ❷**

❶ ❶ ⑦ ❷ 体温 ❸ 加熱する。 ❹ ㋑ ❺ ㋑
❻ デンプンを分解し，別の物質（麦芽糖やブ
ドウ糖など）に変えるはたらき。
❼ アミラーゼ

❷ ❶ ㋐ 唾液腺（だ液せん） ㋑ 食道 ㋒ 胃
㋓ すい臓 ㋔ 小腸 ㋕ 大腸 ㋖ 肝臓
㋗ 胆のう
❷ ㋐，㋓，㋖，㋗ ❸ ㋐
❹ すい液 ❺ 消化酵素

❸ ❶ 小腸 ❷ 柔毛 ❸ リンパ管 ❹ ㋐，㋑
❺ 小腸の表面積を大きくし，（栄）養分を吸収
しやすくする点。

考え方

❶ ❶❷ 唾液のはたらきを調べるので，唾液が
ある口の中の温度，すなわち体温に近い温
度にする。

❸ ベネジクト溶液を加えてから加熱して反
応を調べる。

❹ ヨウ素溶液は，デンプンの有無を調べる試
薬で，デンプンがあると青紫色に変色す
る。

❺ ベネジクト溶液は，麦芽糖やブドウ糖の
有無を調べる試薬で，麦芽糖やブドウ糖が

あると黄色や赤褐色の沈殿ができる。

❻ デンプンのりに唾液を加えた液は，デンプ
ンがなくなり，おもに麦芽糖ができている。

❷ 口から肛門までの食物が通る管は消化管。食
物は通らないが，消化液を出すところは，唾
液腺，すい臓，肝臓などである。食物は，消
化液にふくまれる消化酵素によって消化され，
小腸で吸収される。消化液には消化酵素がふ
くまれており，食物を消化する。肝臓でつく
られる胆汁には消化酵素がふくまれていない
が，脂肪の消化を助けるはたらきがある。

❷ 消化にかかわる器官には，食物が通る消化
管と，食物が通らない唾液腺や肝臓，胆の
う，すい臓などがふくまれる。

❸ デンプンは，口の中で唾液中の消化酵素
（アミラーゼ）により，最初に消化される。

❸ 小腸の壁にはたくさんのひだがあり，ひだの
表面にはたくさんの柔毛があって，（栄）養
分を吸収する面積を大きくしている。

❹ デンプンが消化されてブドウ糖となり，タ
ンパク質が消化されてアミノ酸になる。こ
れらは，柔毛の毛細血管内に入る。デンプ
ンは，粒が大きいので吸収されない。脂肪
が消化されたものは，柔毛に吸収され，再
び脂肪となってリンパ管内に入る。

p.31-32 **Step ❷**

❶ ❶ A気管 B気管支 C肺胞
❷ ① ㋑ ② ㋐
❸ 表面積が増えるため，効率よく酸素と二酸
化炭素の交換ができる。

❷ ❶ A腎（じん）臓 B輸尿管 Cぼうこう
❷ アンモニア ❸ 尿素 ❹ ㋑

❸ ❶ △ 酸素 ◯（栄）養分
❷ 血しょう
❸ 組織液
❹ 血液と細胞の間で物質の受けわたしのなか
だちをする。

❹ ❶ 肺 ❷ ⓐ，ⓓ ❸ A，C ❹ A，D
❺ 肺動脈 ❻ 体循環

考え方

❶ ① 肺の構造は，鼻や口から吸いこまれた空気が通る気管と，気管が細かく枝分かれした気管支と，気管支の先につながる多数の肺胞とからできている。肺胞のまわりは，毛細血管が網目のようにとり囲んでいる。

② 肺胞へ向かう（図の①）血液は，酸素が少なくて二酸化炭素が多い。肺胞から心臓へ向かう（図の⑦）血液は，酸素が多くて二酸化炭素が少ない。

③ 多数の肺胞があるので，空気に接する面積が大きくなり，酸素と二酸化炭素の交換が効率よく行われる。

❷ 不要な物質や余分な水・無機物は腎臓でこし出され，輸尿管を経てぼうこうに一時ためられ，尿として体外に排出される。腎臓のはたらきにより，血液中の無機物などは，全身の細胞が生きていくのに適した濃度に保たれている。

② ③ デンプンなどの炭水化物が分解されると，二酸化炭素と水になるが，アミノ酸が分解されると，二酸化炭素や水以外に，アンモニアができる。アンモニアは有害であり，肝臓で害の少ない物質である尿素に変えられて腎臓へ送られる。

❸ 血液の液体成分である血しょうが，毛細血管からしみ出して，細胞の間に流れ出たものを組織液という。

① 円盤状をしたAは赤血球である。赤血球にはヘモグロビンという赤い物質がふくまれている。ヘモグロビンは酸素が多い所では酸素と結びつき，酸素が少ない所では酸素を離す性質がある。この性質によって酸素が運搬される。

③ 血しょうと組織液は，とけている物質はほとんど同じである。赤血球は，毛細血管の壁のすきまから出ることができない。
血液と組織液と細胞との間で，いろいろな物質のやりとりが行われる。血液中からは，酸素と（栄）養分を受けとって細胞にわた

し，細胞から不要な物質（二酸化炭素やアンモニア）を受けとって血液中にわたす，と具体的に書いてもよい。

❹ ③ 動脈の壁は厚く，心臓から強い圧力で押し出された血液の圧力に耐えられるようになっている。

④ 動脈血はヘモグロビンと酸素が結びついているため，あざやかな赤色をしているが，静脈血は，全身の細胞に酸素をわたした血液なので，暗赤色をしている。

⑤ 心臓から出て行く血液が流れる血管が動脈，心臓にもどる血液が流れる血管が静脈である。Aは心臓から肺に向かって流れる肺動脈であり，流れている血液は静脈血なので，二酸化炭素を多くふくんでいる。

p.34-35 Step ❷

❶ ① B ② 目
❷ ① A虹彩（こうさい）　Bレンズ（水晶体）
　　C網膜
　② A⑦　B⑦　C①
❸ ① A鼓膜　B耳小骨　Cうずまき管
　② C
❹ ① A脳　B脊髄（せきずい）
　② ⓐ感覚神経　ⓑ運動神経
　③ ①
　④ 反射
　⑤ ⑦
❺ ① けん（腱）　② 関節　③ ①

考え方

❶ ヒメダカは周囲の動きを目で感じとり，同じ位置にとどまるように動く。紙を回転させたとき，ヒメダカにとって模様が同じように見えるように，紙の動きに合わせて泳ぐ。

❷ ② 網膜には，光の刺激を受けとる細胞がある。光の刺激の信号は，神経によって脳へ送られる。なお，瞳が大きくなったり，小さくなったりするのは，意識とは関係なく起こる反応で，反射の1つである。

❸ ❷ 耳では，音の振動を鼓膜でとらえ，耳小骨が鼓膜の振動をうずまき管に伝え，うずまき管の中の液体をふるわせることによって，音の刺激を受けとっている。

❹ 意識して行う反応のしくみは，刺激→感覚器官（皮膚）→感覚神経→脊髄→脳→脊髄→運動神経→運動器官（筋肉）→反応となる。

❹ ❺ 反射では，脳は関係しない。反応までの時間が短いので，体を危険から守るのに役立っている。

❺ ❶ ヒトのうでには，骨を中心にして，両側に一対の筋肉がある。これらの筋肉の両端は，けんになっており，関節にへだてられた2つの骨についている。

❷ 骨どうしが結合している部分を関節といい，関節の部分で曲げたりのばしたりすることができる。

❸ うでの曲げのばしは，一対の筋肉のうちの，どちらか一方が収縮し，他方がゆるむことで行われる。うでをのばすときは，ⓓの筋肉が縮み，ⓒの筋肉がゆるむ。

p.36-37　Step ❸

❶ ❶ A

❷ ㋐ 細胞膜　㋑ 核　㋒ 液胞

❸ 光合成

❹ 多細胞生物

❷ ❶ 水面からの水の蒸発を防ぐため。

❷ 蒸散

❸ 5.6 cm^3

❹ 1.3

❺ 気孔は葉の裏に多い。

❻ 記号 b　記号 c　名称 道管

❼ 維管束（葉脈）

❽ 水蒸気，酸素，二酸化炭素

❸ ❶ b

❷ 肝臓

❸ ㋒，㋐

❹ ① I　② E　③ F

考え方

❶ ❶❷ 細胞は，核をもっている。この核のまわりの部分を細胞質といい，そのいちばん外側は細胞膜で囲まれている。植物細胞の特徴として，細胞壁や葉緑体があり，成長した細胞は大きな液胞があることが多い。

❸ 植物細胞に見られる緑色の粒の葉緑体は，光合成により，デンプンをつくるはたらきをしている。

❹ 多くの細胞で体ができている生物を多細胞生物，1つの細胞で体ができている生物を単細胞生物という。

❷ ❶ 植物の蒸散量を調べる実験なので，水面から直接水が蒸発すると正確な蒸散量を測定することができない。

❸ D は茎から出ていった水の量である。
B − D ＝ 5.8 cm^3 − 0.2 cm^3 ＝ 5.6 cm^3

❹ A − ❸ の値 ＝ 6.9 cm^3 − 5.6 cm^3 ＝ 1.3 cm^3
または，
A − B + D ＝ 6.9 cm^3 − 5.8 cm^3 + 0.2 cm^3
＝ 1.3 cm^3

❺ B と C の減水量のちがいは，葉の裏からの蒸散量と葉の表からの蒸散量のちがいである。

❻ 根から吸収された水は，道管を通って体の各部に運ばれる。道管は茎では中心側に，葉では表側に位置する。

❼ 根や茎で見られた維管束が枝分かれしたものである。

❽ 蒸散だけではなく，光合成や呼吸によって気体が出ていく。

❸ ❶ C の血管は，心臓の右心房につながっているので，全身に送られた血液が心臓にもどってくる大静脈である。J が大動脈，B が肺動脈，I が肺静脈である。

❷❸ 小腸と E の血管でつながっている X の器官は肝臓である。肝臓は，小腸で吸収された（栄）養分を E の血管を経由して受けとり，貯蔵している。このほかに，肝臓に

は胆汁の生成，有害物質の無害化，アンモニアから尿素の生成，タンパク質・脂肪の合成などのはたらきがある。

❹ ① 血液は，肺で酸素をとり入れ，二酸化炭素を排出する。このため，肺から出て心臓の左心房につながっている肺静脈（Ｉ）には，酸素をもっとも多くふくむ動脈血が流れている。

② 消化された（栄）養分は，小腸から体内に吸収され，肝臓に向かい，肝臓で（栄）養分を別の物質につくり変えたり，たくわえたりする。したがって小腸と肝臓をつなぐ血管（Ｅ）である門脈がもっとも（栄）養分が多い。

③ アミノ酸が分解されてできたアンモニアは，肝臓で尿素に変えられ，腎臓へ送られる。腎臓で尿素はこし出されて尿になり，体外に排出される。したがって，腎臓を通過した血管（Ｆ）がもっとも尿素が少ない。

気象とその変化

p.39-40　Step ❷

❶ ① 大気圧（気圧）
　② 1 気圧
　③ あらゆる向きからはたらく。
　④ ペットボトルのようすふくらむ。
　　理由高い山では大気圧は小さいから。

❷ ① A
　② 20 N
　③ 4 倍
　④ 2000 Pa

❸ ① ⓐ
　② 雨のちくもりになっている。
　③ ① 大きい　② ○
　　③ 高く　④ ○
　④ 風向南西　風力 2　天気晴れ
　　雲量⑦
　⑤ ① 14 ℃　② 78 %

考え方

❶ ① ペットボトルの中の空気をぬくと，ペットボトルの中から外に向かってはたらく気圧よりも，まわりの大気からペットボトルにはたらく大気圧のほうが大きくなり，ペットボトルは押しつぶされる。

② 大気圧の大きさは，海面と同じ高さの所ではほぼ 1 気圧（平均約1013 hPa）である。

③ 大気圧は下向きだけでなく，あらゆる向きから物体の表面に垂直にはたらく。

④ 上空にいくほど，その上にある大気の重さが小さくなるので，山の上の大気圧は小さくなる。

❷ ① スポンジを押す力が同じとき，ふれ合う面積が小さいほど圧力は大きい。

② スポンジを押す力は，ペットボトルにはたらく重力と同じ大きさになる。

③ Aの面積はBの面積の $\frac{1}{4}$ なので，Aの圧力はBの圧力の 4 倍になる。

④ 20 N÷0.01 m² = 2000 Pa

❸ ① 晴れの日の正午すぎにもっとも高い値になるのが気温である。

② 気圧が低くなったのは，低気圧におおわれたからと考えられる。そのため，雲が発生し雨が降ってて，1 日の気温の変化が小さくなっていた。

③ ① 気温の変化は晴れの日のほうが大きく，雨やくもりの日は小さい。

② 気温が高くなれば，湿度は低くなり，変化のしかたは逆になっている。

③ 雨が降ると，空気中の水蒸気量がふえ，湿度は高くなっている。

④ 明け方など，気温が低いほど，湿度は高くなっている。

④ 風向は，矢ばねが向いている方角を読みとる。風力は矢ばねのはねの数，天気は天気記号から読みとる。雲量が，0～1 は快晴，2～8 は晴れ，9～10はくもりである。

11

⑤ ① 乾球の示度が気温である。

② 乾球の示度が14℃, 乾球の示度−湿球の示度 ＝ 14℃ − 12℃ ＝ 2℃なので, 14℃と2.0℃が交差したところの値を読みとる。

p.42-44　Step ❷

❶ ① 線香のけむり

② 白くくもる。

③ ㋐, ㋒

❷ ① 大きくなる。

② （わずかに）下がる。

③ 白くくもる。

❸ ① ⓐ水蒸気　ⓑ水滴（雨粒）　ⓒ氷（の粒）

② 0℃

③ ① 膨張　② 下がる　③ 水蒸気　④ 氷

⑤ 上昇気流　⑥ 雲

❹ ① 降水

② 液体

③ 太陽（太陽光）のエネルギー

❺ ① 10℃

② 9.4 g

③ 17.3 g

④ 54.3 %

⑤ コップのまわりの空気が冷やされ, 露点に達したから。

❻ ① 飽和水蒸気量

② 21 g

③ B

④ 記号A　温度22℃

⑤ 5 g

考え方

❶ ガラス容器内の空気が急激に冷やされたために細かい水滴（霧）が発生する。

① 線香のけむりを入れておくと, 線香のけむりの粒が核となり, ぬるま湯が冷やされたときに, 小さな水滴になりやすい。

② 水蒸気が小さな水滴となって白く見える。

③ ④ 水蒸気を多くふくんだあたたかい空気

が, 冷たい空気と接すると, あたたかい空気は冷やされて露点に達し, 水蒸気が小さな水滴に変化する。

なお, 風のない晴れた日には, 早朝に気温がもっとも下がる。

❷ 圧縮した容器から手を放すと, 容器内の空気が膨張して, 温度が下がる。露点以下になったときに水滴が生じ, 容器内を白くくもらせる。

❸ あたためられた空気は上昇し, 膨張することで温度が下がる。このとき空気の湿度が高いほど, 空気にふくまれている水蒸気の量が多いため, より高い温度で露点に達する。

① ⓐは空気中にふくまれている水蒸気（気体）を表している。ⓑは露点に達したところからできはじめているので, 水蒸気が変化した水滴（液体）である。ⓒは, さらに上空の気温が低い所で変化しているので, 氷の粒（固体）である。

② 水滴（液体）が氷の粒（固体）に変化する温度なので, 0℃である。

③ 空気が上昇すると, 上空は気圧が低いために膨張して温度が下がる。

❹ 水は, 太陽光のエネルギーによって, 状態を変化させながら地球上を循環する。

❺ ① コップの表面がくもりはじめるときの温度が, 露点である。

② 露点が10℃であるから, 表より10℃の飽和水蒸気量を読みとる。

④ 20℃の飽和水蒸気量は表より17.3 g/m³であり, この部屋の空気1 m³あたり9.4 gの水蒸気がふくまれている。

よって, $\dfrac{9.4}{17.3} \times 100 = 54.33\cdots$

より54.3 %

❻ ② グラフより, 温度が30℃のとき, 飽和水蒸気量は30 gなので, その70 %にあたる量を求める。$30 \text{ g} \times \dfrac{70}{100} = 21 \text{ g}$

❸ グラフからA，B，Cそれぞれの温度での飽和水蒸気量と，実際にふくまれる水蒸気の量を読みとり，湿度を求める。

A：$\dfrac{20}{30} \times 100 = 66.6\cdots$

B：$\dfrac{10}{30} \times 100 = 33.3\cdots$

C：$\dfrac{15}{17} \times 100 = 88.2\cdots$

❹ 露点は，空気中にふくまれる水蒸気量で決まり，水蒸気量が多い空気ほど露点は高い。

❺ 10℃での飽和水蒸気量は，グラフより10 gであるから，それをこえる水蒸気量は水滴になる。

よって，15 g − 10 g = 5 g

p.46-47　Step ❷

❶ ❶ Q地域

❷ P地域④　Q地域①

❸ P地域

❹ P地域

❺ 1012 hPa

❷ ❶ A寒冷前線　B温暖前線

❷ ④

❸ 閉塞前線

❹ 停滞前線

❸ ❶ 寒冷前線

❷ ・気温が急激に下がっているから。
　　・風向が北よりに変化しているから。

❸ ⑦

❹ ① ④　② 短い時間に強い雨が降る。

❺ ① ④　② 移動性高気圧　③ 偏西風

考え方

❶ 気圧の高いほうから低いほうへ風はふき，等圧線の間隔がせまいほど強くふく。また，高気圧では晴れることが多く，低気圧ではくもりや雨になりやすい。

❶ P地域は等圧線の間隔が広く，Q地域は等圧線の間隔がせまい。等圧線の間隔がせまいほど，一定区間の気圧の差が大きいため，風が強くなる。

❷ ❸ P地域の中心はまわりよりも気圧が高いところで高気圧，Q地域の中心はまわりよりも気圧が低いところで低気圧である。風は高気圧の中心から時計回りにふき出し，低気圧のまわりでは，中心に向かって反時計回りにふきこむ。

❹ 低気圧の中心付近では，まわりからふきこんだ風によって上昇気流が生じるため，雲が発生しやすく，くもりや雨になることが多い。一方，高気圧の中心付近では下降気流が生じるため，雲ができにくく，晴れることが多い。

❺ 等圧線は1000 hPaを基準に，4 hPaごとに細い実線で結び，20 hPaごとに太い実線で結ぶ。

P地域は高気圧なので，ⓐの等圧線は1020 hPaよりも 4 × 2 = 8 hPa低い。

1020 hPa − 8 hPa = 1012 hPa

❷ ❶ 低気圧の西側が寒冷前線，東側が温暖前線である。

❷ 寒冷前線と温暖前線にはさまれた地域は，暖気におおわれている。

❸ 寒冷前線の進み方は温暖前線より速いことが多いため，やがて寒冷前線は温暖前線に追いついて，閉塞前線ができる。

❹ 寒気と暖気が同じ力で押し合うとき，前線は停滞する。梅雨前線などがそうである。

❸ ❶❷ 寒冷前線が通過すると，気温が下がり，風向が北よりに変わり，短時間に強い雨が降る。

❸ 寒冷前線ができるところでは，寒気が暖気の下にもぐりこんでいる。

❹ 寒気が暖気を強く押し上げるため，強い上昇気流が発生し，盛り上がった形の積乱雲ができる。積乱雲は激しい雨をせまい範囲に短時間降らせる。

❺ 日本上空には，1年中強い西風がふいている。この風によって，低気圧や高気圧は西から東へ移動する。

p.49-51 **Step ❷**

❶ **①** 陸

② 陸

③ b

④ 海風

⑤ a

❷ **①** A

② シベリア気団

③ 移動性高気圧

④ ㋑

⑤ ① 小笠原　② 停滞（秋雨）　③ 低気圧

❸ **①** ㋑

② 水蒸気を多くふくむ。

③ a （くもりや）雪の日が多い。

　　b 晴れ（て，乾燥し）た日が多い。

④ ㋑

⑤ 西高東低（型）の気圧配置

❹ **①** つゆ（梅雨）

② 梅雨前線（停滞前線）

③ B 冷たくて湿っている。

　　C あたたかくて湿っている。

④ くもりや雨の日

❺ **①** ない。

② 上昇流

③ 積乱雲

④ 熱帯地方（低緯度）の海上

⑤ ㋑

⑥ 太平洋（小笠原）高気圧

⑦ 大雨，強風，高潮，河川の氾濫，土砂災害
のうち２つ

❻ **①** ①C　②D　③A　④B

② オホーツク海気団，小笠原気団

③ 移動性高気圧

考え方

❶ **①** 陸地は海に比べて，あたたまりやすく，冷
めやすい。

② 昼は陸上の空気が海上の空気より密度が
小さくなり，上昇していく。

③④ 陸上に上昇気流が生じると，海側から
の空気が流れこんで海風が生じる。

⑤ 逆に，夜は海のほうがあたたかい（陸のほ
うが気温が低くなる）ので，気圧が低くな
り，地表付近では陸から海へ陸風がふく。

❷ **①②** 冬には，シベリア気団が発達し，冷た
く乾燥した季節風がふく。この季節風は,
日本海上空で水蒸気をふくみ，日本海側
は雪になる。雪を降らせて水蒸気が少なく
なった大気は，日本の中央山脈をこえ，冷
たく乾燥した風となって，太平洋側にふき
下りてくる。

③④ 移動性高気圧と低気圧が，偏西風の影
響で西から東へ交互に動いていく。４〜
７日の周期で天気がよく変わる。㋐は小笠
原気団の影響による夏のようす，㋒はシベ
リア気団の影響による冬のようす，㋔は小
笠原気団とオホーツク海気団の勢力がほぼ
等しいために，２つの気団の間にできる停
滞前線の影響による６月ごろのつゆ（梅
雨）や，９月ごろの秋雨のようすである。

⑤ 秋のはじめには，小笠原気団がおとろえて
南に下がるため，梅雨と同じような気圧配
置になって雨の日が続くことがある。これ
を秋雨という。秋雨をもたらした停滞前線
（秋雨前線）が南下すると，春と同じように，
偏西風の影響を受けて，日本付近を移動性
高気圧と低気圧が交互に通過する。そのた
め，天気は周期的に変化する。その後，シ
ベリア気団が発達してきて，しだいに冬の
気圧配置へと変化する。

❸ **①** シベリア気団は，北の大陸に発生する気団
である。北の気団は冷たく，大陸の気団は
乾燥している。

② 気団からふき出した乾燥した風は，日本海
を渡るときに大量の水蒸気をふくむ。

❸ 日本海上で大量の水蒸気をふくんだ風が日本列島の山脈にぶつかって上昇気流になって雲をつくり，日本海側に雪を降らせる。雪を降らせて水分が少なくなった風は，山脈をこえて太平洋側にふき下りる。このため，太平洋側は晴れた日が多くなる。

❹❺ 冬の気圧配置は，西に高気圧，東に低気圧がある，西高東低の気圧配置になる。

❹ ❶ 日本の南の太平洋上には，東西にのびる前線が停滞している。6月ごろに見られるこの天気図は，つゆ（梅雨）の時期の天気図である。

❷ 北にはり出したオホーツク海気団と，南にはり出した小笠原気団の勢力がつり合うと，図のような停滞前線（梅雨前線）が2つの気団の間に発生する。

❸ 気団Bはオホーツク海気団であるから，冷たく湿っている気団である。一方，気団Cは小笠原気団であるから，あたたかく湿っている。北の地域で発生する気団は冷たく，南の地域で発生する気団はあたたかい。また，陸上で発生する気団は乾燥しているが，海上で発生する気団は湿っている。

❹ 前線が停滞するので，雨の多いぐずついた天気が続く。

❺ ❶ 台風（熱帯低気圧）は，前線をともなわない。天気図では，台風は前線をともなわず，間隔がせまくて密になったほぼ同心円状の等圧線で表される。

❷ 台風の中心に向かって強い風がふきこむため，激しい上昇気流が生じている。

❸ 台風の中心に向かってふきこむ強風によって，激しい上昇気流が生じる。そのため，上空には積乱雲（鉛直方向に発達した雲）が分布する。

❹ 台風が発生するのは，緯度約5°〜20°の高温の海域である。台風は熱帯地方のあたたかい海から供給される多量の水蒸気をもとに発達しながら移動し，中心付近の気圧はどんどん低下し，風速は急激に強くなる。

❺ 夏から秋にかけて発生した台風は，消滅するまで小笠原気団のへりに沿って進み，日本付近を通る。

❻ ❶ Aは，停滞前線が日本南方に位置し，梅雨または秋雨の天気図である。

Bは，大陸上にシベリア気団があり，東に低気圧がある。このため，等圧線が南北方向にのびて，西高東低の冬型の天気図を示している。

Cは高気圧がすっぽりと日本をおおい，よい天気になっている。しかし，西のほうには低気圧があり，数日後には天気が悪くなると予想される。このように周期的に天気が変化するのは，春や秋の特徴である。

Dは，太平洋に小笠原気団が大きくはり出している。また，台風も小笠原気団のふちに位置しているので，小笠原気団の勢力が強いことがわかる（台風は北西に進んだ後，小笠原気団のふちを沿うように北東に進路をとることが多い）。典型的な夏の天気図である。

❷ 図Aのような停滞前線は，勢力がほぼ同じであるオホーツク海気団と小笠原気団がぶつかり合って，その間にできたものである。勢力が等しい気団の間にはさまれているため，停滞前線は長い間，同じ場所にとどまって動かない。

❸ 春や秋には，偏西風の影響で，高気圧が西から東に移動してくる。この高気圧を移動性高気圧という。移動性高気圧の西には，低気圧があり，高気圧と低気圧が交互に日本列島にやってくる。

15

Step ❸

❶ ❶ 飽和水蒸気量

　❷ 55 ％

　❸ 10.3 g

　❹ 15 ℃

　❺ 6.0 g

❷ ❶ まわりより気圧が低いところ

　❷ X 寒冷前線　Y 温暖前線

　❸ Y

　❹ B

　❺ ⑦

　❻ ⑦

❸ ❶ A ⑦　B ⊕　C ⑦

　❷ A ⑦　B ⑦　C ⑦

　❸ 西高東低（型）

　❹ 梅雨前線（停滞前線）

❹ ❶ ⓐ→ⓓ→ⓑ→ⓒ

　❷ 西から東

　❸ ⑦, ⑦

考え方

❶ ❷ 湿度〔％〕

$= \dfrac{空気\ 1\ m^3中にふくまれる水蒸気量〔g/m^3〕}{その温度での飽和水蒸気量〔g/m^3〕} \times 100$

より，$\dfrac{12.8}{23.1} \times 100 = 55.4\cdots$

小数第1位を四捨五入して55 ％

　❸ 温度が25 ℃の空気の飽和水蒸気量は
23.1 g/m³であり，現在の空気中には
12.8 g/m³の水蒸気がふくまれている。よ
って，1 m³の空気はさらに，23.1 g −
12.8 g = 10.3 gの水蒸気をふくむことがで
きる。

　❹ 飽和水蒸気量が12.8 g/m³になるときの温
度がその空気の露点である。また，露点以
下では湿度は100 ％となる。

　❺ 空気の温度が15 ℃より低くなると，空気
中にふくみきれなくなった水蒸気が水滴
となって現れる。空気の温度が5 ℃のとき
の飽和水蒸気量は6.8 g/m³なので，水滴に
なるのは，12.8 g − 6.8 g = 6.0 gである。

❷ ❷ 低気圧の中心の東側が温暖前線，西側が
寒冷前線である。

　❸ 寒冷前線では，前線面に強い上昇気流を
生じ，積乱雲ができる。一方，温暖前線で
は，前線面にゆるやかな上昇気流が生じ，
層状の雲ができる。

　❹ 温暖前線の通過後から寒冷前線の通過前ま
では，暖気におおわれている。

　❺ B地点は暖気におおわれ，南西の風がふき
こんでいる。

❸ ❶ A：小笠原気団が勢力をもち，南高北低の
気圧配置→夏。
B：シベリア気団が大陸で勢力をもち，太
平洋上に低気圧がある西高東低の気圧配
置→冬。
C：オホーツク海気団と小笠原気団の間
に停滞前線→つゆ（梅雨）。

　❸ 大陸側のシベリア気団の高気圧と太平洋
上の低気圧の間で，等圧線が南北（縦）に
見られる。→西に高気圧，東に低気圧があ
る西高東低の気圧配置。

　❹ オホーツク海気団と小笠原気団の勢力がつ
り合い，日本の南岸に前線が停滞する。

❹ ❶ ❷ 日本付近の上空には，偏西風という強
い西からの風がふいている。この偏西風の
影響により，日本付近では天気が西から
東へ移り変わる。

　❸ 5月ごろに日本付近を西から東に通過する
高気圧は，移動性高気圧である。

電流とその利用

① ① 回路が途切れて，豆電球に電流が流れなくなるから。

②

③（回路を流れる）電流には向きがある。

②

③ ① ⑦

② ⑨

③ 340 mA

④ ① 図1 **直列回路**　図2 **並列回路**

② b 0.5 A　　c 0.5 A

③ 0.4 A

⑤ ① ⑨

② ⑦

③ 1.40 V

⑥ ① 12.8 V

② de間…4.0 V　　fg間…4.0 V

考え方

① ① 豆電球に電流が流れないと，豆電球は点灯しない。1か所でも切れ目があると，回路に電流は流れない。

② 基本的な電気用図記号はかけるようにしておこう。電気用図記号は直線で結び，角は直角にする。

③ LED豆電球は，決まった向きにだけ電流が流れるので，逆向きにつなぐと点灯しない。

② 階段の上下のスイッチには，電流が流れる道すじが2つあって，上下のスイッチのどちらかを押すと，回路がつながったり切れたりする。

③ ① 電流計は，回路に直列につなぐ。電流計がこわれることがあるので，電流計だけを電

源につないだり，回路に並列につないだりしてはいけない。

② 電流の大きさが予想できないときは，大きな電流が流れて指針が振り切れて電流計がこわれないようにするため，いちばん大きい電流がはかれる － 端子を使う。

③ はかれる電流の最大が500 mAなので，図の右端の目盛りを500として読みとる。

④ ① 電流の流れる道すじが枝分かれせず，1本である回路を直列回路，枝分かれしている回路を並列回路という。

② 直列回路に流れる電流は，回路のどの点でも，電流の大きさは同じである。

③ 枝分かれした電流の大きさの和は，分かれる前の電流の大きさや，合流した後の電流の大きさに等しい。

0.3 A＋0.1 A＝0.4 A

⑤ ① 電圧計は，回路に並列につなぐ。

② 大きな電圧が加わって指針が振り切れないようにするため，最大の値がはかれる －端子につなぐ。

③ 3 Vの －端子につないであるので，最大で3 V。最小目盛りの10分の1まで読みとる。

⑥ ① 直列回路では，それぞれの豆電球にかかる電圧の和は，電源の電圧に等しい。

8.0 V＋4.8 V＝12.8 V

② 並列回路では，それぞれの豆電球に加わる電圧は同じで，それらは電源の電圧に等しい。

p.59-60　Step ②

① ① 比例（関係）

② オームの法則

③ b

② ① 20 Ω

② 32 V

③ D，A，B，C

④ 200 mA

⑤ 導体

⑥ 不導体（絶縁体）

❸ ❶ 3 V

❷ 6 V

❸ 0.5 A

❹ 抵抗器B 6 Ω　抵抗器C 12 Ω

❺ 6 Ω

❻ 4 Ω

❹ ❶ 右図

❷ 3 A

❸ 比例（関係）

❹ 22.0 ℃

〔℃〕
15
上昇温度 10
5
0　1　2　3　4
時間〔分〕

考え方

❶ ❶ 原点を通る直線になっているので，電流は電圧に比例する。

❷ 抵抗器を流れる電流は，それらに加える電圧に比例するという関係である。

❸ 電気抵抗（抵抗）とは，電流の流れにくさである。したがって，同じ電圧のときに流れる電流が小さい（グラフの傾きが小さい）抵抗器bのほうが，電気抵抗が大きい。

❷ ❶ グラフを読みとるときは，読みとりやすいところで読みとる。電圧が8Vのとき，0.4Aの電流が流れるので，$R = \dfrac{V}{I}$ より，

$\dfrac{8\,V}{0.4\,A} = 20\,Ω$

❷ 回路全体の電気抵抗は，

$20\,Ω + 60\,Ω = 80\,Ω$

よって，$V = R\,I$ より，

$80\,Ω × 0.4\,A = 32\,V$

❸ 2個の電熱線を直列につなぐと，回路全体の電気抵抗は，それぞれの電気抵抗の和になる。2個の電熱線を並列につなぐと，回路全体の電気抵抗は，それぞれの電気抵抗より小さくなる。

❹ オームの法則を使う。$I = \dfrac{V}{R}$ より，

$\dfrac{12\,V}{60\,Ω} = 0.2\,A = 200\,mA$

❸ ❶ $V = R\,I$ より，$2\,Ω × 1.5\,A = 3\,V$

❷ 抵抗器Bと抵抗器Cを1つの抵抗器Dと考えると，抵抗器Aと抵抗器Dは直列なので，抵抗器Dに加わる電圧は，

$9\,V - 3\,V = 6\,V$

実際には，抵抗器Bと抵抗器Cは並列なので，それぞれに6Vの電圧が加わる。

❸ $1.5\,A - 1.0\,A = 0.5\,A$

❹ 抵抗器B　$R = \dfrac{V}{I}$ より，$\dfrac{6\,V}{1.0\,A} = 6\,Ω$

抵抗器C　$R = \dfrac{V}{I}$ より，$\dfrac{6\,V}{0.5\,A} = 12\,Ω$

❺ $R = \dfrac{V}{I}$ より，$\dfrac{9\,V}{1.5\,A} = 6\,Ω$

❻ $6\,Ω - 2\,Ω = 4\,Ω$

❹ ❶ グラフの縦軸は「上昇温度」であることに注意する。

❷ $I = \dfrac{V}{R} = \dfrac{12\,V}{4\,Ω} = 3\,A$

❸ 電流を流す時間が同じとき，実験Ⅱの上昇温度は，実験Ⅰの上昇温度の2倍になっている。また，実験Ⅱの上昇温度は，2Ωの電熱線に12Vの電圧が加わった結果なので，このときの電力は，

$12\,V × 6\,A = 72\,W$

同様に，実験Ⅰの上昇温度は，4Ωの電熱線に12Vの電圧が加わった結果なので，このときの電力は，

$12\,V × 3\,A = 36\,W$

よって，電力が2倍になると，温度上昇も2倍になるので，電熱線の発熱量は電力に比例するといえる。

❹ 20Ωの電熱線が消費する電力は，実験Ⅰの電熱線（4Ωの電熱線）が消費する電力の0.2倍である。また，実験Ⅰの電熱線による4分後の水の上昇温度は10.0℃なので，20Ωの電熱線による上昇温度は，

$10.0\,℃ × 0.2 = 2.0\,℃$

はじめの水の温度は20.0℃だから，

$20.0\,℃ + 2.0\,℃ = 22.0\,℃$

p.62-63 **Step ❷**

❶ ❶ 静電気

❷ ストローＡが反発する。

❸ －の電気

❹ ＋の電気

❷ ❶ －極

❷ 陰極線（電子線）

❸ 電子

❹ －の電気をもっている。

❸ ❶ 電子

❷ Ａ－極　Ｂ＋極

❸ 現れない。（消える。）

❹ ❶ ㋐　❷ Ａ

❸ （いっせいに）＋極に向かって（ＢからＡの向きに）動く。

❹ 電子が自由に動けないため。

❺ ❶ ㋑

❷ 放射能

❸ 物質を透過する性質

考え方

❶ ❶ ちがう種類の物質を摩擦すると，静電気が発生する。

❷❸ ストローＡとストローＢには同じ種類の電気がたまっている。同じ種類の電気の間には，しりぞけ合う（反発し合う）力がはたらく。

❹ ティッシュペーパーには，ストローと異なる種類の電気が生じている。

❷ ❶～❸ 明るい線は陰極線（電子線）といい，－の電気をもった非常に小さい粒子の流れである。この粒子を電子という。電子は－極から出て，＋極へ向かう。

❹ 電子は－の電気をもっているので，Ｘの＋極に引きつけられて，上向きに曲がる。

❸ 放電管の壁に影ができることから，電極Ａから電極Ｂに向かって何かが出ていることがわかる。電流は＋極から－極に流れると決められているが，実際には，電子が－極から＋極に流れているので，電子が出ている電極Ａは

－極である。

❹ 金属中には，自由に動き回れる電子がたくさん存在する。金属の導線に電圧を加えると，この電子が－極から＋極に向かって移動する。これが電流の正体である。

❶ ㋑は原子を表し，㋐は原子のまわりを自由に動き回っている電子の一部である。電子は－の電気をもっているが，原子にはそれを打ち消す＋の電気も存在し，金属全体としては，＋にも－にもなっていない。

❷ 電源の＋極から電流が流れ出し，Ａを経てＢにいたり，電源の－極にもどっていく。

❸ 電子は－の電気をもっているので，いっせいに＋極のほうに動き出す。

❹ 不導体（絶縁体）は金属中とちがって，電子が自由に動けないため，電圧を加えても電流は流れない。

❺ 放射線は，医療や農業などにも利用されている。しかし，生物が放射線を浴びる（被曝する）と，健康な細胞が傷ついてしまう可能性があるので，放射線の利用には細心の注意が必要である。

❶ 放射線は目に見えないが，身のまわりの食物や岩石，温泉などからも出ている。放射線を出す物質を放射性物質という。放射線には，レントゲンに使われるＸ線のほか，α線，β線，γ線などがある。

❸ 放射線には，物質を透過する性質がある。物質や放射線の種類によって，透過力は異なっている。

---

p.65-66 **Step ❷**

❶ ❶ 磁力

❷ 磁界

❸ 磁界の向き

❹ 磁力線

❺ 磁力線の間隔がせまいところほど磁界は強い。

❷ ❶ Ｓ極

❷ ｂ㋐　ｃ㋑

❸ e

❸ ❶ 右図

❷ ⑦

❸ 左向き

❹ 電流を大きくする。コイルの巻数をふやす。
コイルに鉄心を入れる。(などから1つ)

❹ ❶ ① a⑦ b㋓ c㋑

② 逆になる。

❷ ① ⑦ ② S極

考え方

❶ ❶❷ 磁石による力を磁力といい,磁力のはたらく空間を磁界という。

❻ 磁力線の間隔がせまい(密度が大きい)ところは磁界が強く,間隔が広い(密度が小さい)ところは磁界が弱い。磁石の極付近は,磁界が強い。

❷ ❶ N極と引き合うのはS極である。

❷ ❶から,磁石のAがS極なので,磁針を置くと,右図のようになる。

❸ ❶❷ 右ねじが進む向きに電流を流すと,右ねじを回す向きに磁界ができ,磁力線は,導線を中心とした同心円状になる。

❸ コイル内部にできる磁界の向きは左向きである。よって,コイルの左端にN極が,右端にS極が現れる。

❹ ❶ 右ねじを回す向きに磁界ができ,磁針のN極がその向きを示す。

❷ ①,②右手の指先を電流の向きに合わせてコイルをにぎると,親指の向きがコイル内部の磁界の向き(磁針のN極のさす向き)を示す。

---

p.68-69 Step ❷

❶ ❶ ① ㋑ ② ㋑ ③ ⑦

❷ 大きくなる。

❷ ❶ 電流の向きを変える。(U字形磁石の極を逆にする。)

❷ 流れる電流が大きくなるので,動き方も大きくなる。

❸ 0.6 A

❸ ❶ 電磁誘導

❷ 誘導電流

❸ ㋑,㋓

❹ 流れる。

❺ ① 小さくなる。 ② 大きくなる。

❹ ❶ 図1

❷ 電流の向きが交互に入れかわる。

考え方

❶ 磁界の中で電流を流すと,電流は磁界から力を受ける。

❶ 図1の拡大図と比べて考える。力の向きは,磁界の向きか電流の向きが逆になると,逆向きになる。

① 電流の向きが逆になっているので,力の向きは図1と逆になる。

② 磁界の向きが逆になっているので,力の向きは図1と逆になる。

③ 電流の向きと磁界の向きが両方とも逆になっているので,力の向きは図1と変わらない。

❷ ❶ 電流の向きや,U字形磁石の極を逆にすれば,コイルの動く向きも逆になる。

❷ 電気抵抗が小さくなれば,コイルに流れる電流は大きくなる。

❸ オームの法則より,$I = \dfrac{V}{R}$だから,

$$\frac{6\,\text{V}}{10\,\Omega} = 0.6\,\text{A}$$

❸ 検流計は,ごくわずかな電流が流れても指針が振れる。

❸ ⑦ N極(S極)をコイルに入れたままに

すると磁界が変化しないので電流は流れない。

　㋑ N極をコイルから遠ざけることになるので，図とは逆向きの電流が流れる。

　㋒・㋓ N極を近づけたときとS極を近づけたときでは，電流の向きが逆になる。また，S極（N極）を近づけたときと遠ざけたときでは，電流の向きが逆になる。

❹ コイルを動かしても，コイルの中の磁界は変化するので，電流は流れる。

❺ コイルの巻数を多くしたり，磁石の動きを速くしたりすると，誘導電流は大きくなる。

❹ 直流は，電流の向きが変わらない。交流は，周期的に電流の流れる向きが変わる。

p.70-71　Step ❸

❶ ❶

❷

❸ 7.0 V

❹ 5 A（の－端子）

❺ A 150 mA　B 350 mA

❻ 比例（関係），オームの法則

❼ A

❽ 40 Ω

❷ ❶ 1 W

　❷ オーブントースター 10 A
　　電気ポット 7.5 A

　❸ 1000 J

　❹ ㋐

❸ ㋒

❹ ❶ a －極　b ＋極

　❷ ㋒

　❸ －の電気をもっている。

❶ ❶❷ 電流計は回路に直列につなぎ，電圧計は回路に並列につなぐ。

　❸ 15 Vの － 端子につないでいるので，電圧計の最大の目盛りを15 Vとして読む。

　❻ 電圧と電流の関係は，原点を通る直線のグラフであるから比例の関係にある。この関係をオームの法則という。

　❽ 電熱線Aは，電圧が6 Vのとき，流れる電流の大きさがグラフより0.15 Aである。よって，オームの法則より，$R = \dfrac{V}{I}$ だから，

$$\frac{6\ \mathrm{V}}{0.15\ \mathrm{A}} = 40\ \Omega$$

❷ ❶ 電力 P ＝電圧 V ×電流 I で求められる。よって，1 V× 1 A＝ 1 Wである。

　❷ ❶ より求める。
　　1000 W÷100 V＝10 A
　　750 W÷100 V＝7.5 A

　❸ 1 Wの電力が1秒間に生じる熱エネルギーが1 Jである。1 J＝ 1 W× 1 sより，
　　1000 W× 1 s＝1000 J

　❹ 同じ温度で同じ量の水を同じ温度まで加熱するには，同じ量の熱が必要である。熱の大もとは，電熱線で消費された電気エネルギーである。この電気エネルギーを電力量といい，熱量と同じ単位ジュール（記号J）を用いて表される。

　　熱量〔J〕＝電力量〔J〕
　　　　　　＝電力〔W〕×時間〔s〕

同じ熱量をとり出すために消費する電力量は同じであり，加熱時間は電力すなわち電気器具のワット数に反比例する。

したがって，1000 Wの電気ポットを使用した方が，750 Wの電気ポットを使用するよりも加熱時間が短くてすむ。

▶ 本文 p.71

❸ 図のコイルや導線のまわりの磁力線は，以下
のようになっている。⑦のＡの位置の磁針の
向きが誤りである。磁界の中の磁針のＮ極は，
磁界の向きを表す。

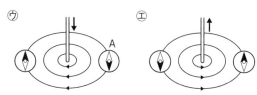

❹❶ 放電管（クルックス管）の中で陰極線
（電子線）がまっすぐに光って見えるとき，
陰極線と同じ直線上にある極が−極である。

❷ 陰極線は，電極の＋極のほうに曲がる。

❸❷ より，陰極線は−の電気をもったもの
の流れであることがわかる。

テスト前 ☑ やることチェック表

① まずはテストの目標をたてよう。頑張ったら達成できそうなちょっと上のレベルを目指そう。
② 次にやることを書こう（「ズバリ英語〇ページ，数学〇ページ」など）。
③ やり終えたら□に✔を入れよう。
　最初に完ぺきな計画をたてる必要はなく，まずは数日分の計画をつくって，
　その後追加・修正していっても良いね。

目標

	日付	やること1	やること2
2週間前	／	□	□
	／	□	□
	／	□	□
	／	□	□
	／	□	□
	／	□	□
	／	□	□
1週間前	／	□	□
	／	□	□
	／	□	□
	／	□	□
	／	□	□
	／	□	□
	／	□	□
テスト期間	／	□	□
	／	□	□
	／	□	□
	／	□	□
	／	□	□

テスト前 ☑ やることチェック表

① まずはテストの目標をたてよう。頑張ったら達成できそうなちょっと上のレベルを目指そう。
② 次にやることを書こう（「ズバリ英語〇ページ，数学〇ページ」など）。
③ やり終えたら□に✔を入れよう。
　最初に完ぺきな計画をたてる必要はなく，まずは数日分の計画をつくって，
　その後追加・修正していっても良いね。

目標

	日付	やること1	やること2
2週間前	/	☐	☐
	/	☐	☐
	/	☐	☐
	/	☐	☐
	/	☐	☐
	/	☐	☐
	/	☐	☐
1週間前	/	☐	☐
	/	☐	☐
	/	☐	☐
	/	☐	☐
	/	☐	☐
	/	☐	☐
	/	☐	☐
テスト期間	/	☐	☐
	/	☐	☐
	/	☐	☐
	/	☐	☐
	/	☐	☐

理科2年　全教科書版

QRコードのページに登録すると，「ぴたリンク」からも表をダウンロードできるよ

ズバリよくでる 直前

チェック BOOK

- テストに**ズバリよくでる**！
- **図解**でチェック！

理科

全教科書版
2年

赤シートで
何度でも！

粒子(物質)

🄲 化学変化

- もとの物質とは性質の異なる別の物質ができる変化を
  化学変化(化学反応)という。
- 1種類の物質が2種類以上の物質に分かれる化学変化を**分解**という。
- 加熱することによって物質を分解することを**熱分解**という。
- 電流を流すことによって物質を分解することを**電気分解**という。

炭酸水素ナトリウムが
別の白い固体に変化する。

気体が集まる。

水滴がつく。

ゴム栓

電極

電源装置

陰極 　　 陽極

炭酸水素ナトリウムの熱分解

　炭酸水素ナトリウム

　→ 炭酸ナトリウム + 二酸化炭素 +水

水の電気分解

　水→ 水素 + 酸素
　　 (陰極側)(陽極側)

🄲 原子

- 化学変化でそれ以上分けることができない, 物質をつくっている
  最小の粒子を**原子**という。

　〔原子の性質〕
　　①化学変化で, それ以上分けることができない。

　　②化学変化で新しくできたり, 種類が変わったり, なくなったりしない。

　　③種類によって, その質量や大きさが決まっている。

分子

- 原子が結びついてできる，物質の性質を示す
  最小の粒子を**分子**という。結びついている
  原子の種類と数によって物質の性質が決まる。

元素記号と化学式

- 物質を構成する原子の種類を**元素**という。
- 元素を表すための記号を**元素記号**という。
- 物質を，元素記号と数字などを用いて
  表したものを**化学式**という。

水素原子　　水素原子

水素分子(化学式 H_2)

酸素原子　酸素原子

酸素分子(化学式 O_2)

酸素原子

水素原子　　水素原子

水分子(化学式 H_2O)

物質の分類

- 1種類の元素からできている物質を**単体**という。
- 2種類以上の元素からできている物質を**化合物**という。

物質

混合物
食塩水(塩化ナトリウムと水)

純物質
(純粋な物質)

	単体 1種類の原子からできている物質		化合物 2種類以上の原子からできている物質	
分子である。	酸素 O_2	水素 H_2	二酸化炭素 CO_2	水 H_2O
分子ではない。	銅 Cu	マグネシウム Mg	塩化ナトリウム NaCl	酸化銅 CuO

粒子（物質）　化学変化と原子・分子（3）

化学反応式

・化学変化を化学式で表した式を**化学反応式**という。

〔例〕水の電気分解を化学反応式で表す。

①反応前の物質を矢印（→）の左側に，反応後の物質を矢印（→）の右側に書く。

　　　水　　　　→　　　　　水素　　　　＋　　　　酸素

②それぞれの物質を化学式で表す。

　　　H_2O　　　→　　　　　H_2　　　　＋　　　　O_2

③矢印（→）の左右で酸素原子Oの数を等しくするために，左側の水分子H_2Oを
　1 個ふやす。

　　H_2O　H_2O　→　　　　H_2　　　　＋　　　　O_2

　矢印の左右でOの数は等しくなるが，Hの数は等しくない。

④矢印（→）の左右で水素原子Hの数を等しくするために，右側の水素分子H_2を
　1個ふやす。

　　H_2O　H_2O　→　　　　H_2　H_2　　＋　　　　O_2

⑤水分子H_2Oが2個は 2H_2O，水素分子H_2が2個は 2H_2 と表すことができる。

　　$2H_2O$　　　→　　　　　$2H_2$　　　　＋　　　　O_2

物質同士が結びつく化学変化

・2種類以上の物質が結びつくと，もとの物質とは性質の異なる

　1種類の物質ができる。

〔例〕鉄と硫黄の混合物の加熱

鉄粉

硫黄

混ぜ合わせる。

硫黄の蒸気が出るのを防ぐため，脱脂綿でゆるく栓をする。

試験管ばさみで持ち，加熱の程度を調節する。

	鉄	＋	硫黄	⟶	硫化鉄
	(Fe)	＋	S	⟶	(Fe) S
	Fe	＋	S	⟶	FeS

粒子（物質）　化学変化と原子・分子（4）

物質が酸素と結びつく変化（酸化）

- 物質が酸素と結びつくこと（化学変化）を**酸化**という。

- 酸素によってできた物質（化合物）を**酸化物**という。

- 物質が激しく熱や光を出しながら酸素と結びつく化学変化

　（酸化されること）を**燃焼**という。

〔例〕銅の粉末の加熱
　銅の粉末を加熱すると，
　銅と酸素が結びつき，
　酸化銅ができる。

〔例〕マグネシウムの加熱
　マグネシウムを加熱すると，
　激しく熱と光を出し（燃焼），
　酸化マグネシウムができる。

酸化物から酸素をとり除く変化（還元）

- 酸化物から酸素がとり除かれること（化学変化）を**還元**という。

〔例〕酸化銅と炭素の混合物の加熱

酸化銅と炭素の
混合物

石灰水

・混合物を加熱すると赤（茶）色の物質ができる
　ことから，銅に変化したことがわかる。
・石灰水が白くにごることから，
　二酸化炭素 が発生したことがわかる。

粒子(物質)

🔹 質量保存の法則

- 化学変化の前後で，物質全体の質量は変わらない。これを**質量保存の法則**という。
- 化学変化の前後で，原子の組み合わせは変化するが，原子の**種類**と**数**は変化しない。

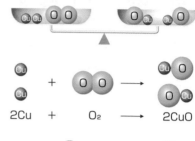

$$2Cu + O_2 \longrightarrow 2CuO$$

Cu×2+ O ×2= Cu×2+ O ×2

🔹 金属と結びつく酸素の質量

- 金属を加熱すると，結びついた酸素の分だけ質量は増加するが，何回も加熱をくり返すと，質量は増加しなくなることから，一定量の金属に結びつく酸素の**質量**には限界があることがわかる。
- 化学変化に関係する物質の質量の比は，つねに**一定**になっている。
- 化学変化をするとき，反応する相手の物質がなくなれば，化学変化はそれ以上進まず，**多い**ほうの物質はそのまま残る。

〔例〕銅と酸素，マグネシウムと酸素
　酸化銅　反応する銅と酸素の質量の比は約4：1
　酸化マグネシウム　反応するマグネシウムと酸素の質量の比は約3：2

生命　生物の体のつくりとはたらき（1）

◖顕微鏡のしくみ

- 顕微鏡（けんびきょう）は，**プレパラート**にした観察物を40〜600倍程度に拡大し，観察するのに用いる。

ステージ上下式の顕微鏡

接眼レンズ
鏡筒（きょうとう）
クリップ
レボルバー
アーム
対物レンズ
ステージ
反射鏡（はんしゃきょう）
LED光源
調節ねじ
鏡台
しぼり

LED光源のかわりに反射鏡がついているものもある。

拡大倍率＝ 接眼レンズ の倍率× 対物レンズ の倍率

スライドガラス
ピンセット

①水を1滴落（てき）とし，その上に観察物を置く。

えつき針
カバーガラス

②空気の泡（あわ）（気泡（きほう））を入れないようにカバーガラスを静かに下ろす。余分な水は ろ紙 で吸いとる。

生
命

◖細胞のつくり

- 生物の体をつくる基本単位を**細胞**という。

植物 の細胞
細胞壁
細胞膜
核
液胞
葉緑体

動物 の細胞

植物の細胞と動物の細胞に共通のもの

◖光合成

- 植物が光を受けてデンプンなどをつくり出すはたらきを**光合成**という。
- 光合成は**葉緑体**で行われる。

光
デンプン など＋ 酸素
水 ＋ 二酸化炭素
水にとけやすい物質
気孔

7

生
命

🔲 植物の水の通り道

- 道管と師管が集まった束を**維管束**という。双子葉類では輪のように並び，
  単子葉類では全体に散らばっている。

ヒマワリ
（双子葉類）

トウモロコシ
（単子葉類）

🔲 消化と吸収

- 食物にふくまれる炭水化物や脂肪，タンパク質などを分解して，
  吸収されやすい状態に変えることを**消化**という。

生
命

◖ 肺による呼吸

- 肺では，**酸素**と**二酸化炭素**の交換を行う。
- 肺は細かく枝分かれした**気管支**と，その先につながる小さな袋が
  集まってできており，その小さな袋を**肺胞**という。

肺胞での酸素と二酸化炭素の交換

◖ 血液の成分とはたらき

- 血液は**赤血球**，**白血球**，**血小板**などの固形成分と，
  血しょうという液体成分からなる。
- 毛細血管から血しょうの一部がしみ出して細胞のまわりを
  満たしている液を**組織液**という。

成分	形	はたらき
赤血球	中央がくぼんだ 円盤形	酸素を運ぶ。
白血球	いろいろな形の ものがある。	細菌などの 病原体を 分解する。
血小板	小さくて 不規則な形	出血したとき 血液を固める。
血しょう	液体	（栄）養分や不要な物質 をとかしている。

細胞のまわりは 組織液で満たされている。

生
命

◖血液の循環

- 心臓から出た血液が全身に送られ，再び心臓にもどる道すじを**体循環**，
  心臓から出た血液が肺に送られ，再び心臓にもどる道すじを**肺循環**という。

◖刺激と反応

- 意識して起こす反応は**脳**が関係している。
- 刺激に対して，無意識に起こる反応を**反射**という。

意識して起こす反応

天気図記号

- 各地の天気は，**天気記号**で表す。
- 風のふいてくる方向を**風向**といい，16方位で表す。
- **風力**ははねの数を用いて表す。

（天気図記号）

各地の天気，風向・風力の記号での表し方（例）

風向…北北東
風力3
天気…くもり

○ 快晴　　◐ 晴れ
◎ くもり　● 雨
✳ 雪　　◒ 雷

飽和水蒸気量

- 1m³の空気中にふくむことができる水蒸気の最大量を**飽和水蒸気量**という。
- 空気中の水蒸気が冷やされて水滴に変わる（凝結する）ときの温度を**露点**という。

雲のでき方

- 空気が上昇すると，まわりの気圧が低くなって膨張するため，上昇する空気の温度は下がり，やがて空気中の水蒸気の一部が水滴や氷の粒になり，雲ができる。

氷 の結晶ができてくる。さらに 膨張 する。
水蒸気が 水滴 に変化する。
露点 に達する。
気圧が低くなるにつれて， 膨張 する。
空気のかたまり
水蒸気

地球

11

地球

◖湿度

- 空気の湿り気の度合いを示し，空気中にふくまれる水蒸気量が，その温度での飽和水蒸気量に対してどれぐらいの割合になるのかを百分率（%）で示したものを**湿度**という。

$$\text{湿度}(\%) = \frac{\text{空気 1 m}^3\text{中にふくまれる水蒸気量}(g/m^3)}{\text{その温度での飽和水蒸気量}(g/m^3)} \times 100$$

◖気圧と風

- 風は**高気圧**から**低気圧**へ向かってふく。北半球では高気圧の中心から時計回りにふきだすような風がふき，低気圧の中心に向かって反時計回りにふきこむような風がふく。
- 低気圧の中心付近では上昇気流が生じるため，雲が発生しやすく，**くもり**や**雨**になりやすい。
- 高気圧の中心付近では下降気流が生じるため，雲が発生しにくく，**晴れる**ことが多い。

◖気団と前線

- 性質が一様で大規模な大気のかたまりを
  気団という。
- 前線面では**上昇気流**が生じるため，
  雲ができやすく，地表付近での天気の
  変化は**前線付近**で起こりやすい。

前線面

寒気　暖気

寒気団　前線　暖気団

	寒冷 前線	温暖 前線
記号	▼ ▼ ▼	● ● ●
おもな雲	積乱 雲	乱層 雲
天気の特徴	にわか雨，雷，突風	おだやかな雨
雨の範囲	せまい 。	広い 。
通過前の天気	天気はよくあたたかい。	おだやかな雨，寒い。
通過後の天気	にわか雨の後，回復。北よりの風。気温は 下がる 。	天気は回復。南よりの風。気温は 上がる 。

◖大気の動きと日本の四季

- 日本が位置する中緯度地域では**偏西風**により，低気圧や高気圧は
  西から**東**へ移動する。
- 季節に特徴的にふく風を**季節風**という。冬の季節風はシベリア高気圧から
  ふく冷たい風，夏の季節風は太平洋高気圧からふくあたたかい風による。

冬	春と秋	つゆ(梅雨)のころ	夏
シベリア高気圧	移動性 高気圧	冷たく湿った気団　梅雨 前線　あたたかく湿った気団	太平洋高気圧（小笠原）

シベリア 高気圧が成長し，日本海側は降雪，太平洋側は 乾燥 した晴天。

天気は， 西 から 東 へ，晴れたりくもったり周期的に変化する。

梅雨 前線が停滞し， 雨 やくもりの日が多い。

太平洋 高気圧が成長し，高温 多湿 で晴れの日が多い。

地球

◖ 電気用図記号

- 回路のようすを表すときに用いられる図記号を**電気用図記号**という。

電源・電池	導線の交わり	スイッチ	抵抗器	電球	電流計	電圧計
┤├ （長いほうが＋極）	接続する　接続しない	━╱━	━▭━	⊗	Ⓐ	Ⓥ

◖ 直列回路・並列回路の全体の抵抗

- 直列回路では，回路の**どの点**でも電流の大きさは等しい。
  それぞれの抵抗に加わる**電圧の和**は，全体（電源）の電圧に等しい。
- 並列回路では，枝分かれした電流の大きさの和は，**分かれる前**の
  電流の大きさや**合流した後**の電流の大きさに等しい。
  それぞれの抵抗に加わる**電圧**は同じで，それらは全体（電源）の
  電圧に等しい。

（直列回路）
$$I_1 = \boxed{I_2} = \boxed{I_3} \quad V = \boxed{V_1} + \boxed{V_2}$$

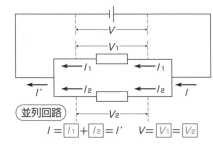

（並列回路）
$$I = \boxed{I_1} + \boxed{I_2} = I' \quad V = \boxed{V_1} = \boxed{V_2}$$

◖ 陰極線

- 放電管（クルックス管）内に
  見られる電流のもとになる
  もの（電子）の流れを**陰極線**
  （電子線）という。

/ エネルギー / 電流とその利用（2）

◆ 磁界の性質

- 磁力のはたらく空間を**磁界**という。

- 磁界の向きや磁力の強さを表す曲線を**磁力線**という。

磁力線は N極 から出て S極 へ向かう。

磁力線の各点での向きが 磁界の向き となる。

磁力線の密度が大きい（間隔が狭い）と磁界が 強い 。

磁力線は消えたり現れたりしない。磁力線は交差したり分岐したりしない。

◆ 電流がつくる磁界

電流　　電流

磁界

右ねじを回す向き

電流

右ねじの進む向き

右ねじの進む向き 電流 を流すと、右ねじを回す向きに 磁界 ができる。

コイルの軸

電流　 磁界 の向き

コイルの内側の磁界の向きは、右手の4本の指先を 電流 の向きに合わせたときの 親指 の向きになっている。

右手

電流

◆ 電流が磁界から受ける力

- 電流の向きや磁界の逆にすると、力の向きは**逆**になる。

- 電流を大きくしたり、磁界を強くしたりすると、力は**大きく**なる。

- 力の向きは、電流と磁界の両方の向きに**垂直**である。

力の向き

電流の向き

磁界の向き

15

◆ 電磁誘導

- コイルの中の磁界が変化すると，その変化に応じた電圧が生じて，コイルに電流が流れる現象を**電磁誘導**といい，このときに流れる電流を**誘導電流**という。
- コイルの中の磁界を速く変化させるほど，磁界の強さが強いほど，コイルの巻数が多いほど，誘導電流は**大き**い。
- 磁石をコイルに近づけるときと遠ざけるときで，また磁石の極を逆にすると，誘導電流の向きは**逆**になる。

N極を近づけたとき　　N極を遠ざけたとき　　S極を遠ざけたとき

◆ 直流と交流

- 流れる向きが一定で変わらない電流を**直流**，向きと大きさが周期的に変わる電流を**交流**という。

直流　　　　　時間　　　交流　　　　　時間